天下文化
BELIEVE IN READING

1947－2023 年
全球半導體產業大事記

年代	全球半導體產業大事
1947	・貝爾實驗室三位物理學家發明電晶體，開展半導體時代。
1950 〜 1959	・快捷 (Fairchild) 和德儀 (TI) 延伸發展出積體電路 (IC)，擴展半導體應用領域，產業快速起飛。
1960 〜 1969	・1961 年快捷率先將半導體封裝測試移往香港，以降低生產成本、提升競爭力，展開半導體產業海外布局的紀元。 ・1964 年交大設立台灣第一座半導體實驗室。🄖 ・英特爾 (Intel) 創辦人之一戈登·摩爾 (Gordon Moore) 在 1965 年提出「摩爾定律」，成為半導體產業的黃金法則；1968 年英特爾創立。
1970 〜 1979	・1970 年英特爾製作出第一個 DRAM，隔年推出第一款商業微處理器 Intel 4004，微電腦逐漸風行。 ・1973 年財團法人工業技術研究院成立。🄖 ・1975 年微軟成立。 ・1976 年工研院與 RCA 簽約，移轉 IC 技術 🄖；蘋果電腦和宏碁電腦成立。 ・1977 年三星購併韓國半導體公司，成立三星半導體通信公司。 ・1970 年代後期，日本在政府引導下，進行超大型積體電路 (VLSI) 技術創新行動專案計畫，積極發展半導體產業。
1980 〜 1989	・1980 年新竹科學園區完工啟用，設置園區管理局；同年「IC 示範工廠計畫」衍生聯電 (UMC)。🄖 ・IBM 於 1981 年推出第一台個人電腦，開展個人電腦時代。 ・1983 年微軟 Windows 作業系統問世。 ・1984 年行政院撥款委託工研院電子所展開「超大型積體電路發展計畫」。🄖 ・1985 年英特爾因市場被日本取代，退出 DRAM 產業，集中發展微處理器；同年張忠謀擔任第三任工研院院長。🄖 ・前期日本 DRAM 全球市占率躍居世界首位，1985 年日本簽署《廣場協議》，1986 年日本政府再簽署《美日半導體貿易協定》，被迫出口設限和開放市場。 ・1987 年「超大型積體電路發展計畫」衍生台積電 (TSMC)，首創純代工服務模式，逐步取得先進製程的領先地位。🄖 ・1980 年代後期，美日貿易戰白熱化，加上經濟泡沫破滅的衝擊，日本 DRAM 產業走下坡，經濟逐漸走向「失落的 30 年」。

財經企管 BCB793

晶片對決

台灣經濟與命運的生存戰

尹啟銘 著

Fight for the Chip

目錄

PART I　爭　鳴

第一章——全球半導體產業歷久彌新

第二章——先進國家分據不同山頭

第三章 —— 新興國家百家爭鳴

第四章 —— 中國大陸半導體產業發展急功心切

PART II 對 決

第五章 ——— 美中貿易戰撼動全球

第六章 ——— 美國玩兩手策略

半導體晶圓戰開打，台灣不可不慎

史欽泰（清華大學榮譽講座教授）

　　隨著美中貿易摩擦惡化，外加新冠病毒肆虐、俄烏戰爭等因素，引發全球生產供應鏈陷入混亂，尤其半導體晶片嚴重缺貨，導致經濟成長趨緩，也讓全世界開始注意到半導體的重要性。

台灣在全球半導體產業中獨具一格

　　半導體技術進步神速，其應用面遍及生產、通訊、醫療、娛樂、教育，新興領域如自駕車、人工智慧、資安、淨零碳排的發展等，都非要有先進技術 IC 才行，而國家安全更有賴 IC 技術的掌握。遂使政客與媒體興風作浪，各種指控與壓力紛然而至，將台灣置於地緣政治風險的焦點。

　　回顧台灣電子資訊產業 40 年發展，政府主導的影響非常大，1970、1980 年代以李國鼎、孫運璿為首的一群政府技術官僚推動，藉由科技及產業政策編列科技專案預算，再透過工業技術研究院以及民營企業深耕技術、累積研發能量、培訓技術人員，並設置新竹科學園區。隨著科技進步、

對外貿易的發展、國際企業競合和與時俱進彈性調整產業政策，才創造出今日台灣半導體產業全球獨具一格的地位。

面對複雜的全球生產供應鏈，目前的分析報導往往以各自立場出發的片段做預測與推論，對於美中不斷變動發展的衝突以及半導體產業為何發展至今的歷程，沒有系統化的敘述，**這本《晶片對決》應該是介紹半導體晶片產業競爭、及其受美中對抗的地緣政治影響的國際局勢變化，最具有系統概念又有詳盡細節的一本著作。**

我認識作者尹啟銘先生超過 40 年，共同經歷過半導體產業在台灣發展的曲折歷程，他先後就讀於交大計算與控制系、政大企管所博士班，之後加入經建會負責產業研究，1985 年轉到工業局，歷經二組組長、副局長、局長、經濟部常務次長，又擔任經濟部長、政務委員、經建會主任委員等重要職位，協助政府產業政策的推動，促進半導體、資訊電腦等軟硬體產業的發展，參與各種國際貿易談判，經歷過台灣產業發展的困境，累積了豐富的全球經濟發展宏觀視野和半導體產業的專業知識。

呵護台灣半導體產業發展的重要功臣

1976 年，我由美返台參加經濟部推動的 RCA 積體電路技術引進計畫，工業局是直接督導單位，啟銘兄到工業局後，我們在一波又一波新興的半導體產業及產業升級轉型的浪潮中，成為親密戰友。1976-1994 年工研院陸續衍生了聯

華電子（UMC）、台灣積體電路製造（TSMC）、世界先進（VIS）等指標性的公司，IC設計、生產製造、封裝測試等企業如雨後春筍般出現，帶動半導體產業生態系統的發展。製造生產技術由當初引進的7微米，進步到今3奈米全球領先的地步。如果沒有經濟部科技專案預算的長期支持，以及隨時調整的產業政策及措施，台灣的科技產業不可能有今天的健全發展與半導體技術上的卓越成就，也不會變成全球既羨慕又忌妒的焦點。在我心目中，尹啟銘是一路呵護半導體產業在台灣成功發展的功臣。他堅守專業原則，雖然退出政壇，仍心繫台灣產業發展，不忘對當前產業政策發表評論與建議。

我有幸在本書出版前先行閱讀，處處體會到啟銘兄專業、豐富的經驗，以及客觀的評論。本書綜觀半導體在全球與地區發展的過程、產業結構變遷、各國政府推動的政策和全球市場機會與競爭對手，列舉歷史上影響全球半導體產業重要轉折的關鍵時刻，如美日半導體衝突、日韓貿易衝突、美中由貿易戰轉為科技對抗等事件，也分析了資訊科技進展的過程，以及在各國產業發展的策略影響下，所帶動的新興領域如人工智慧、物聯網、行動通訊、自駕車等。從中我們可以看到企業經營模式與全球供應鏈的複雜網絡結構，以至全球互相依存、不可分割的矛盾。

尹啟銘以台灣經驗為出發，見證半導體產業在台灣默默發展的過程。當個人電腦及周邊零組件在台灣快速成長的同時，半導體產業40年來也從慘澹經營到大放異彩，委實不

簡單。書中詳盡陳述在政府政策支持下各階段的演變，像是如何創造優良的投資環境，以及所經歷的困難與挫折——諸如國內外企業的角力、不當政商關係介入、國際貿易談判，以及維護產業供應鏈、吸引國際合作夥伴、基礎建設、人才培育等多重因素，並在各章節的最後從台灣觀點提出具體觀察、分析與建議，在錯綜複雜的產業供應鏈與變化多端的地緣政治風險中，給讀者一個較完整、清晰的面貌。

美國的兩手策略造成全球震盪

全球半導體產業結構演變到今天這種狀況，有其先天上的原因。由於各國產業發展的競爭要素強項不同，在全球化的過程中，在利益選擇下的策略也不同，最後形成今天的全球產業鏈。日本在 1980 年代進入半導體的黃金時期，重創美國的領先地位，引發美國對日發動反擊，導致日本陷入「失落的三十年」。此時，南韓趁機奪下記憶體 DRAM 世占率霸主，加劇日韓之間由來已久的歷史恩怨，讓日本以掐住關鍵材料輸出，取得談判優勢。

美國是半導體技術的開山鼻主，二戰結束後，扶持落後國家引進半導體技術，開放美國市場，日、台、韓等國皆是受益者，但是這個科技與經濟大國也在歷史上多次轉向，一旦受扶持的國家競爭力提升，開始威脅到美國的利益時，就立即祭出各種制裁機制。

美中貿易摩擦演變成科技戰，點燃半導體晶圓戰爭。中

國自從改革開放並加入 WTO 後，因其龐大的人力紅利及市場吸引力，經濟成長快速，已成為全球第二經濟體，但在半導體產業發展卻不如預期。儘管政府一再發布積極的政策指令與目標，但執行起來卻急功近利，進步緩慢，大量資源投入卻反生弊端，彎道超車的結果，發生許多爛尾樓及貪腐事件。美國面對中國政府的高度補貼、市場的貿易障礙、自國外不當取得技術以及知識產權保護不足等極度不滿，因而採取重振美國製造、防堵中國發展的兩手策略，造成今日全球動盪不安。

尹啟銘在本書最後寫道：「當今沒有任何一個產業的供應鏈像半導體產業如此的綿密複雜，供應鏈上的企業必須一方面做好供應鏈發生斷鏈的因應準備，另方面共同維護供應鏈的正常運作。……盲目追求產業自主終究是在浪費資源。破壞全球化的作為不僅傷害產業的創新進步及企業的成長，也完全違反經濟運行的道理與企業追求利益的法則。」由於半導體應用已經深入生活各領域，重要性可比石油，在供應鏈錯綜複雜、各國互相依存的現狀下，想要自給自足應是不可能，正如台積電創辦人張忠謀所預言的：晶片在單一國家想要自給自足的幻想委實「太過天真」。

台灣因為半導體製造能量領先全球，加上複雜的兩岸關係，讓各國開始亟欲擺脫對台的依賴，但這種策略會不會成功？而台灣又該如何面對如此險峻、緊張的情勢？本書的抽絲剝繭，或可提供多面向考量，讓大家一起來關心這場攸關台灣未來經濟與命運的科技大戰。

自序
一場看不到贏家的戰爭

　　寫這本書原本不在我公職退下來後的規劃之內，純粹是場意外，就像人生旅途的一場邂逅，不期而遇。

面對科技產業危機，政府不能繼續不動如山

　　幾年前，曾協助電電公會進行幾項中國大陸（以下亦統稱大陸）半導體產業調研計畫，對大陸半導體產業的發展有了粗淺但全面性的瞭解。

　　嗣後，再次協助電電公會承接政府專案計畫，盤點當前台灣半導體產業發展能量、重要課題與尋找未來發展方向，提供政府研擬產業政策參考。計畫進行過程當中，邀請多位產業界資深專業人士共組計畫指導委員會，對計畫執行提供策略性建議，並且拜訪十多家上、中、下游與設備及材料企業，深入瞭解產業現狀，同時邀請產業智庫協助產業分析。

　　藉著該項研究計畫發現：半導體產業的發展不被政府重視已久矣！政府的科專計畫避談半導體，產業獎勵措施相對生技新藥更是望塵莫及。專案計畫完成並提交結案報告後，原冀望政府主管機關能以之為基礎，研擬半導體產業發展策

略或方案,結果不出所料,報告仍是被束諸高閣。

就在專案研究計畫的前後,全球半導體產業陸續發生重大事件,促使半導體產業產生河川改道式的激烈轉折,包括:日本對南韓貿易戰以半導體和面板製程所需關鍵化學材料為武器,美國防堵中國大陸半導體科技和產業發展,美國、日本和歐洲祭出重大獎勵措施重振先進半導體製造,甚至印度亦積極加入半導體產業發展行列,這些都在在衝擊台灣半導體產業的未來發展和在全球的競爭地位。尤其是美國政府施加政治壓力,迫使台積電前往美國投資先進製程等,對台灣的產業發展帶來不可知的威脅。

面對紛至沓來的危機,我政府卻是不動如山、未能有具體作為,一任產業自生自滅,於是激發我再度提筆寫下本書的意念。

本書主要的目的有三,一是提供政府研擬半導體產業發展策略或方案的依據,二是作為半導體業者全球投資布局與運營規劃的參考,三是讓投資大眾瞭解全球半導體產業的變局與風險所在;而其核心則是希望喚起各界對半導體產業的重視。

全書計分八章,內容依託在四大方向,一是探討主要半導體產業國家產業發展的起源、背景、歷程、模式、成敗關鍵因素、產業政策與現今產業概況等。例如台灣、南韓、日本、美國等各國的社經環境、發展模式等不同,造就了各自在半導體產業鏈不同區塊扮演不同角色。

其二是追溯美中長期貿易戰的起源、過程與演變等,探

討未來趨勢與雙方所採行經貿措施對半導體產業的影響，尤其美國是產業技術的重要源頭，大陸則是全球最大成長中的市場，分居全球第一、二大經濟體，兩強互鬥帶來全球產業的動盪不休。

第三是聚焦台灣半導體產業發展環境與產業政策的演變、成長歷程、歷史教訓、地緣政治局勢對台灣形成的挑戰等，探尋台灣未來的出路。

最後則是總結全球半導體產業未來的局勢、存在的議題、產業政策的意涵與各國發展可能結果，以及國際經貿規則、經濟與企業管理理論的需要調整等。

依據前述四大主軸，本書第一章回顧半導體產業與技術的發展與演進歷程，呈現半導體產業的特質，以及不同國家在產業供應鏈各主要環節的分布狀況。

第二章至第四章為各主要發展半導體產業的國家，包括日本、歐洲、南韓、印度、大陸等，其半導體產業發展歷程的探討。

第五章專注於回顧自大陸加入 WTO 之後，美中之間長期的貿易戰。第六章則從美中傳統貿易戰轉入美國對大陸半導體產業與科技的防堵，以及美國重振其先進半導體製造的政策措施。

第七章為台灣半導體產業發展的回顧、檢討，當前遭遇的瓶頸、地緣政治壓力，並探討未來進一步發展的策略方向。第八章則是未來全球半導體產業相關議題的總梳理。

美國優先的戰略下，台灣慎防淪為祭品

　　本書中或多處對美國政府的種種作為有所批判，但在半導體產業與國際經貿規則方面，我個人並非「疑美論」者，而是確信美國一方面在破壞全球半導體供應鏈、傷害全球半導體產業發展、施壓盟友造成嚴重產業損失，尤其是台灣首當其衝；另方面其違反 WTO 國際經貿規則的肆無忌憚，愈來愈像其所指責的中國大陸，甚至有過之無不及。而這些令人髮指的舉措無非是在遂行其「美國優先」（America First）的最高原則，滿足其一己之私。

　　在美國擴大、加大力道對大陸防堵半導體科技與產業進步之前，全球半導體產業循著全球分工、各經濟體依其競爭力與生產力加入全球供應鏈，促使半導體科技創新產生良性循環，應用滲透到民生、科技與國防各個領域，帶來世界的進步，增進人類生活福祉。

　　對於大陸與亞洲藉著全球化的潮流在科技領域的追趕，美國著名外交智庫外交關係協會（Council on Foreign Relations）的資深資安與大陸專家史國力（Adam Segal）於 2011 年的《*Advantage：How American Innovation Can Overcome the Asian Challenge*》一書就指出：美國最佳的創新策略是維持世代的領先。依據史國力的看法，讓落後國家進步，同時維持美國的創新領先，這才是符合美國的最高利益。

　　但是美國到了川普（Donald Trump）和拜登（Joe Biden）政府卻破壞了此策略性原則。美國國安顧問蘇利文（Jake

Sullivan）為商務部於 2022 年 10 月公布新的全方位對大陸半導體相關出口管制規定解釋說，過去美國對大陸的策略是在科技方面維持若干世代的領先，但由於大陸採行軍民融合主義，以及追求產業與科技自主，竊取美國智財權，促使美國策略大幅改變，改採盡可能大幅度領先大陸科技與抑制大陸軍事能力的政策。

但若稍微思考，即可知道這些都是經不起一問的遁詞。追求科技與產業自主的《中國製造 2025》早就在 2015 年由大陸國務院公布，並非始自今日；而且美國現今追求先進半導體製造自主，與中國大陸又有何異！至於軍民融合，美國知名智庫蘭德（RAND Corporation）於 2005 年出版的《中國大陸國防工業的新方向》（*A New Direction for China's Defence Industry*）一書有完整詳細的陳述，是人盡皆知的事，為何到現今美國政府才忽然恍然大悟？美國官員類此愈描愈黑、替美國政府擦脂抹粉的謊言，可謂俯拾皆是。

台灣除了自立自強，更要及早因應

美國是全球高科技的重要源頭和重鎮，本應將科技轉化為增進人類福祉，現今卻用來興風作浪製造地緣政治的動盪不安。半導體產業目前是台灣最重要的經貿支柱。根據海關歷年進出口資料，2000 年半導體中的 IC 占台灣出口12.6%，取代資訊電腦成為第一大出口產品；而後其占台灣出口比重不斷攀升，至 2022 年該項占比高達 38.4%，IC 單

一產品貿易順差高達 960 億美元。如今美國對全球半導體供應鏈的破壞，已嚴重衝擊台灣經貿利益。

此外，大陸占台灣 IC 出口比重，從 2000 年的 34% 持續升至 2022 年的 58%，大陸是台灣半導體最重要的市場，美國對大陸的出口管制不僅嚴重傷害台灣出口，同時對包括台積電在內的許多在大陸投資的業者，都造成巨大的商業損失。

生技產業之外，半導體產業是科技產業的頂尖，新興國家要想追趕，必須走過漫長艱辛的路，而曾經失去尖端製造的先進國家企圖重振昔日雄威，也需付出相當代價。

台灣的半導體產業是在全球競爭的殺戮戰場中不斷茁壯、成長的，「面對競爭」是台灣產業生存發展的鐵律。展望未來，台灣首先除了要自立自強，對外首要關注的是在全球變局中，如何因應美國對台灣的陰謀和政治手段。其次是要注意美國對大陸的防堵制裁措施，迄今美國對大陸的掐脖子手段尚未盡出，就在本人正在撰寫這篇序文時，《紐約時報》（*The New York Times*）才剛報導了拜登擬禁止美企對中國大陸投資先進半導體、量子運算、具軍事或監視應用的人工智慧等，擴大限制大陸取得先進科技，可見各種防堵、制裁正方興未艾。第三是美國正推動產業供應鏈從大陸移出，這對台灣半導體市場所帶來相應影響更為直接，我方必須有所因應對策。

美國掀起的全球半導體產業動亂方殷，我卻看到了一場沒有贏家的對決。

2023 年 2 月於台北

致謝

　　本書承蒙現任國立清華大學榮譽講座教授史欽泰撰寫推薦序，特別致上感謝之意。欽泰兄是我欽佩的台南一中學長，為人謙和，淡泊名利。自美國返台後，欽泰兄即在工研院服務，直到擔任工研院院長退休，26 年間緊守著工研院工作崗位；其後，雖曾接任工研院董事長、資策會董事長，皆是默默致力於台灣科技的發展，培育產業技術人才。欽泰兄見證台灣科技產業 40 多年來的萌芽、成長，其心卻未被外界的富貴所動搖，能得欽泰兄為序，為本書增光許多。

　　本書部分產業知識與見解，得自 2020 年協助電電公會執行政府半導體專案計畫時，多位指導委員會委員的提點，包括：電電公會李詩欽理事長、史欽泰兄、前科技部長徐爵民、鈺創盧超群董事長、聯發科謝清江副董事長，環鴻科技魏鎮炎董事長，以及親自拜會與談企業家的真知灼見，包括：南亞科技李培瑛總經理、群聯潘健成董事長、日月光吳田玉營運長、華邦電焦佑鈞董事長與詹東義副董事長、聯華電簡山傑總經理、漢民科技陳溪新總經理、華立企業陳致遠副總經理、帆宣科技高新明董事長、中美矽晶徐秀蘭董事長、長春集團蘇士光總經理、最高顧問陳榮宗與林福伸，以及在台美商 Synopsys 前全球資深副總裁暨亞太總裁林榮堅與全球副總裁暨台灣區總經理李明哲、日商 TDK 董事長兼總經理牛尾充、英商 ARM 總裁曾志光等。今日終能一償所願，以本書回報他們當時熱心的協助。

　　最後，也是最不可或缺的，感謝遠見‧天下文化事業群高希均和王力行兩位創辦人的大力支持，在社長林天來和總編輯吳佩穎帶領下的行銷企劃與編輯、設計同仁們發揮了使命導向的專業精神，持續將進度提前，讓我不禁讚嘆：這真是一支戰鬥力破表的團隊！也讓我有了滿意破表的作品。

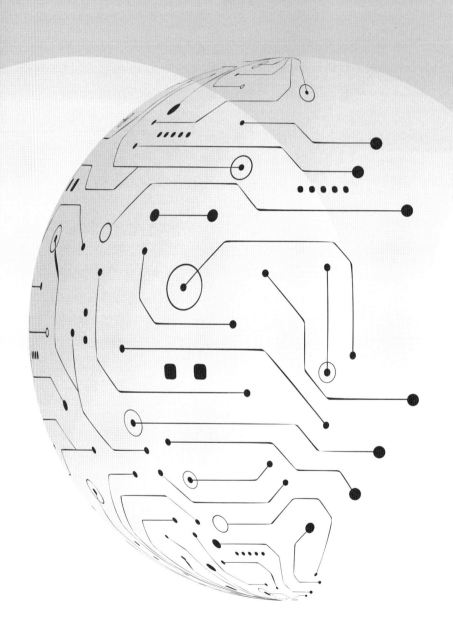

爭鳴

第一章

全球半導體產業歷久彌新

過去數十年間，半導體及其相關產業為了深化技術進步、降低成本、擴大市場規模，依據各地區的比較利益進行全球分工，形成綿密複雜的供應網絡，各地區在半導體產業生態體系各自扮演不同角色。而隨著經貿全球化的蓬勃發展，進一步提升了全球各產業供應鏈的專業分工，促使產業在成本降低、產品性能提升、研發創新等各領域獲得快速進展，帶動數位應用滲透到智慧手機、雲端伺服器、現代汽車、工業自動化、關鍵基礎設施、國防系統等廣大應用，也使半導體成為全球僅次於原油與石油、汽車的第三大貿易貨品。

半導體產業的生態體系相當龐大複雜，核心製造功能分為設計、產製、封裝測試，甚至下游應用等；周邊產業包括設計工具、生產設備、材料、製程特用化學品等，依循國際分工原理分布在不同國家，所有國家整合而成的全球供應鏈彼此互相依存。

半導體產業加速演進

1940 年代半導體電晶體發明，1950 年代積體電路（Integrated Circuit，簡稱 IC）誕生，迄今已遠超過半個世紀。由於半導體產業致力於創新活動，半導體晶片性能不斷提升，單位成本則持續下降，其應用領域逐步擴大，促使半導體市場和產業發展呈現良性循環，規模維持著長期成長趨勢。

摩爾定律與洛克定律

依據半導體業界所參照的「摩爾定律」(Moore's Law)，半導體晶片上單位面積電晶體的數量平均約每 18 個月會增加一倍；單位面積數量增加意即電晶體體積縮小，其效果是電晶體的性能如速度等提升，成本下降。為了配合電晶體體積縮小，電晶體結構與製程技術等都必須跟著精進。半導體產業傳統上依據電晶體閘極的長度定義為「製程節點」(node)，俗稱線寬，例如 7 微米 (μm)、10 奈米 (nm) 等。製程技術不斷精進，持續微縮閘極線寬，固定單位體積下縮小電晶體體積、增加電晶體數量。例如依據波士頓顧問集團 (BCG) 的研析，於 1972 年製程節點約 10 微米，1990 年縮小至 0.8 微米，2005 年約 90 奈米，2020 年為 7 奈米。(可參考圖表 1-1)

晶片體積不斷縮小，生產晶片的晶圓材料面積則是不斷增大。1969 年所用晶圓直徑約 2 吋，1976 年增為 4 吋、1983 年 6 吋、1992 年 8 吋，至 2002 年達目前使用 12 吋最大晶圓[註1]。晶圓尺寸愈大，相對產能和良品率跟著提高，帶動成本持續降低。

由於晶片密度提升、晶圓尺寸增大 (見圖表 1-2)，製程複雜度隨之攀升，建廠成本亦跟著大幅度增加。與摩爾定律同樣在 1960 年代提出的「洛克定律」(Rock's Law) 預測：生產半導體處理器的建廠成本每 4 年會加倍。依據 DIGITIMES Research 2021 年 8 月的資料，隨著製程節點的微縮，建廠成本跟著增加，以月產能 5 萬片 12 吋晶圓計，

28 奈米的工廠約需 60 億美元，14 奈米 100 億美元、7 奈米 120 億美元、5 奈米要 160 億美元。當然，建廠成本會因地、因時而異，在美國和台灣設廠成本相差估計就在兩成以上。

產業發展模式變遷

產業發展與企業經營模式是動態的，會因為國際經貿規

圖表 1-1　2004-2019 年英特爾製程節點密度變化

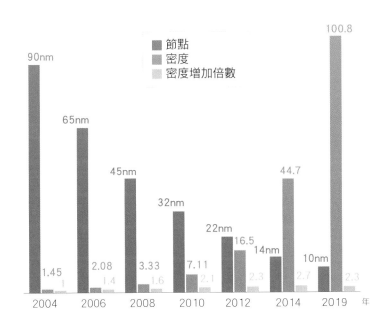

※ 密度：百萬電晶體數／平方毫米
資料來源：《電子工程專輯》（*EE Times*），2020 年 10 月號。

圖表 1-2　矽晶圓尺寸演進

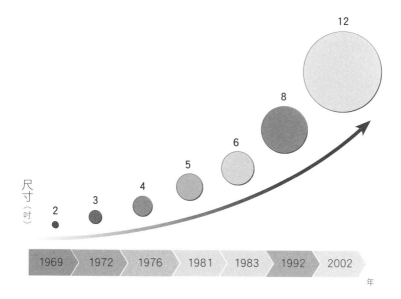

資料來源：Congressional Research Service, "Semiconductors:U.S. Industry ,Global Competitiveness,and Federal Policy," October 26,2020,p.5.

則改變、市場變遷、產業競爭、技術突破與產業自身特性等諸多因素而不斷發生蛻變。1990 年代，資訊電腦、生技新藥與半導體產業等都曾遭遇類似的價值鏈重組的產業變革。

產業發展與企業經營模式走向供應鏈全球化

　　資訊電腦產業方面，1980 年代以前，超大型電腦廠商 Control Data Corporation（CDC）與 Cray 等公司、主機型電腦廠商 IBM 等，以及迷你型電腦廠商迪吉多（DEC）和王

安電腦（Wang Laboratories）等，在各自電腦系統領域均是採取專屬架構，相關軟體、零組件、周邊配備等都幾乎為特定電腦系統而設計，各廠牌電腦都擁有專屬的供應鏈，彼此無法匹配、通用；對使用者來說，轉換使用不同廠牌電腦極為困難，必須從頭學習與投資開發新的軟體。

到了 1990 年代，由於微處理機性能進步神速，帶動個人電腦等資訊產品蓬勃發展，系統架構從專屬式走向開放式，規格大眾都可使用，使用者能以該架構為基礎設計附加軟體或硬體產品。此外，科技進步使資訊產品被模組化程度提高，被切割為不同模組的硬體和軟體可以交由不同企業開發、組裝生產，造就許多 IC、硬體組件、軟體、系統軟體等專業廠商，資訊業者則專注於核心事業或核心活動，原本企業內部垂直整合的供應鏈被解體，供應鏈上的活動幾乎可以在任何地方進行，形成全球化的價值網絡。

同樣的，以往全球製藥產業可說是由少數大藥廠所主控，該等大藥廠採用垂直整合方式經營，從新藥發現、動物試驗（藥理、毒理試驗等）、人體臨床試驗（包括一、二、三期試驗等）、生產、銷售等環節全部集於一身，每樣新藥開發過程往往要花上 5-10 年時間，研發支出動輒數億美元以上。

由於管制新藥的法規趨嚴，新藥開發時間拉長，開發成本與生產所需資金大幅增加，復加生物科技進步，驅動製藥產業鏈重組，產業鏈每一環節出現許多專業廠商，分散在不同國家，原來內部垂直整合的大藥廠改變營運模式，資源集

中在某些核心活動，其他活動則與專業的藥廠、大學、研究機構合作。此種營運模式可以縮短新藥開發時間、降低研發投入、減少資金負荷等，進而提升競爭力，製藥產業發展模式因而脫胎換骨。

營運模式背後的規模經濟攸關勝負

半導體產業也發生同樣的產業發展模式變遷。

1980 年代之前，美國半導體產業基本上存在三種營運模式，一是「整合元件製造」（Integrated Device Manufacturer，簡稱 IDM），半導體企業集設計、製造、封裝於一身，並將半導體元件提供下游業者組裝最終產品，例如英特爾（Intel）。另一是「專屬生產者」，生產的半導體元件專供企業自己的電腦、電信設備使用，例如國際商業機器公司（IBM）。第三種是「混合衍生模式」，部分專屬生產者將半導體元件售給其他企業，例如生產計算器的德州儀器公司（TI，也常簡稱為德儀）。

而後日本自美國移轉半導體技術建立產業，這些企業絕大多數是綜合性電機廠商，如 NEC、SONY、富士通、日立等，企業以生產各類型電機、電信、電腦、消費性電子等產品為主；而為了組裝這些產品，多數企業同時生產半導體元件，甚至對外銷售，因此日本業者所採營運模式屬於專屬生產或混合模式。

半導體生產具有顯著的學習曲線效應，當累積生產數量加倍時，成本會降低 20-30%。1970 年代的日本家電產品如

電視機等，橫掃全球市場，由於企業內部有電子相關下游產品提供上游元件大規模需求，促使日本半導體業者在品質和價格上具有高度競爭力，進入美國市場後，一方面打得美國整合元件製造業者包括英特爾等不堪虧損，另方面在下游產品迫使美國專屬生產者連連敗退，連帶衝擊內部對半導體需求。相反的，美國半導體卻因日本市場掌握在綜合電機廠商手中，且價格相對較高，難以打進日本市場，導致美日之間爆發半導體戰爭，半導體產業逐漸移往南韓和台灣。因此回顧美日半導體產業之戰，決定勝負的重要因素之一其實是營運模式背後的規模經濟。

代工模式興起

1980 年代台積電崛起，首創純代工服務模式，為 IC 設計者提供製造功能，逐步推進而領先先進製程，且對眾多客戶不同產品、不同製程掌握交期短、良率與可靠性高等優勢；此外，台積電積極獲取知識產權建構知識產權庫，提供客戶經由雲端平台使用，縮短設計時程，與客戶之間發展出策略夥伴互信共榮的關係，這些都是代工業者最寶貴的資產和競爭利基。

企業本身競爭力的因素之外，產業特性與市場需求也給了代工產業發展的機會。整合元件製造（IDM）業者包辦設計與製造，而隨著製程技術的快速推進，每年所需投入最新製程及研發的資本支出愈來愈龐大，新廠動輒數十、上百億美元，部分業者無法負擔；加上市場需求快速變

化，新的應用不斷擴增，產品生命週期縮短，企業必須在產品開發提升速度，不得不將設計與製造分割，專注於產品設計，而將製造委託代工業者，本身成為所謂的無廠設計業者（fabless），例如知名的高通（Qualcomm）等美國企業，產業鏈與發展模模式再次產生蛻變；目前高通、博通（Broadcom）、輝達（Nvidia）等無廠設計業者都已是半導體營收前十大企業。

除了類似台積電純粹的代工業者，原為整合元件製造（IDM）的英特爾公司2021年宣布其未來將採取IDM2.0策略，主要內容包括三個重點，一是自己設計的產品多數自行生產，二是利用外部晶圓代工業者生產部分產品，三是進入晶圓代工服務新領域。新任執行長基辛格（Pat Gelsinger）說：「此策略可讓公司在產品與成本居於領先地位，並且在供應方面具有獨特的韌性與彈性。」

基辛格所稱的IDM2.0實際上是三大營運模式：

1. 自行設計且製造產品，屬整合元件製造者，亦是該公司目前最主要的業務。
2. 利用代工業者生產自己設計的產品，屬於「無廠設計者」。
3. 最典型晶圓代工服務。

英特爾如何整合三大截然不同的模式創造出所稱的優勢，目前並不明確，卻引發有關企業營運模式或產業發展模式的討論。

展望未來，數位科技飛速發展，應用領域擴大，需求半導體的源頭愈來愈多樣化，產業鏈從設計、製造到封測變得更複雜、瞬息變遷，企業營運模式必須動態調整。但每種營運模式都有其成功關鍵，不具關鍵條件卻為改變而改變，猶如畫虎不成反類犬。

技術與應用引領市場持續成長

半導體自電晶體、IC 等發明至今超過 60 年的時間，在技術持續推進、運用領域不斷擴展，一推一拉的力量引領之下，市場規模維持成長趨勢。

創新讓產業不老

如果依據電腦運算速度和網路傳輸速度將數位科技世代予以劃分：

——1990 年代之前屬於電腦時代，由大型主機走向個人電腦，從企業機構應用邁向個人使用，此時半導體技術從 8 微米逐步推進到 3 微米、1 微米。

——1990 年代進入網際網路時代，電子商務蓬勃發展，網路搜尋、線上語音、行動語音等應用盛行，半導體技術從 1 微米邁向 0.18 微米。

——2000 年代到了行動通訊時代，社群網路、行動網路、行動影音、互動多媒體等應用帶動聯網裝置與資料量爆發，半導體技術從 0.18 微米推進至 40-28 奈米。

——2010 年代進入物聯網世代，雲端服務、巨量資料、智慧應用等開始普及，半導體技術又從 40-28 奈米推進到 5 奈米水準。

——2020 年代為人工智慧（AI）世代（又稱第二代物聯網世代）開展，AI 導入各種應用與產業，包含自駕車、無人機、無人工廠等自主機器、智慧生活等，半導體技術從 5 奈米繼續往前推進。（見圖表 1-3）

新興應用領域是維持半導體產業持續成長的動力來源。根據世界半導體貿易統計協會（WSTS）在 2022 年 9 月發布的統計顯示，全球半導體市場 2021 年達 5,559 億美元，成長率達 26.2%；2022 年估計 5,801 億美元，成長縮至 4.4%[註2]，主要是因全球遭遇通貨膨脹及市場歷經高成長後需求減弱，預估 2023 年會進一步衰退 4.1%。

圖表 1-3　半導體與數位科技世代同步演進

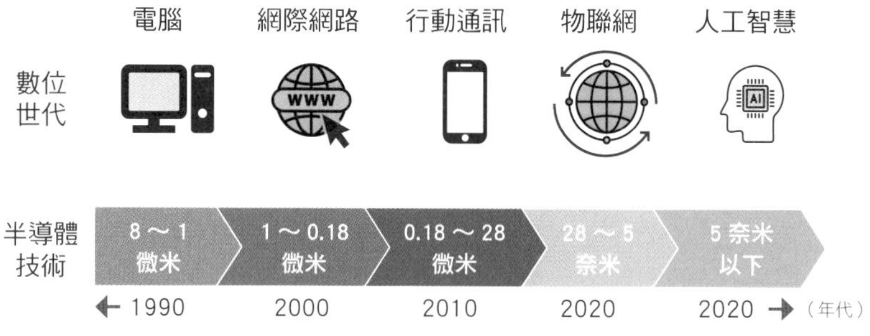

資料來源：根據工研院產科國際所資料整理，2020 年 12 月 25 日。

此外，從 WSTS 所發布資料，可知 IC 占半導體最大宗 83%，其餘大多是分立式元件；IC 中，記憶體和邏輯元件所占比重最高。至於地理市場，目前亞太地區是下游產品組裝基地，因此是半導體最大市場，占比約 58%。（見圖表 1-4）

圖表 1-4　2021-2022 年世界半導體市場與成長

年	金額（億美元）		成長率(%)	
	2021	2022	2021	2022
一、地區別				
美洲	1215	1421	27.4	17.0
歐洲	478	538	27.3	12.6
日本	437	481	19.8	10.0
亞太	3430	3362	26.5	-2.0
合計	5559	5801	26.2	4.4

年	金額（億美元）		成長率(%)	
	2021	2022	2021	2022
二、產品別				
分立式半導體	303	341	27.4	12.4
光電元件	434	438	7.4	0.9
感知器	191	223	28.0	16.3
積體電路	4630	4800	28.2	3.7
・類比	*741*	*896*	*33.1*	*20.8*
・微處理器	*802*	*788*	*15.1*	*-1.8*
・邏輯半導體	*1548*	*1772*	*30.8*	*14.5*
・記憶體	*1538*	*1344*	*30.9*	*-12.6*
合計	5559	5801	26.2	4.4

資料來源：整理自 WSTS 2022 年 9 月 29 日發布之新聞稿。
※ 本書數據呈現採四捨五入；成長率為該年除以前一年。

至於市場來源，依據資策會產業情報研究所（MIC）2023 年 2 月整理自研調機構顧能（Gartner）的資料，目前電腦和通訊是兩個最大領域，占比皆在 30％以上，其次是消費性電子產品、汽車和工業用。2020 年因受新冠疫情影響，全球汽車銷量減少，半導體需求降低；但 2021 年後報復性需求出現，晶片嚴重短缺。另外由於 5G 技術部署，通訊應用持續擴增。（見圖表 1-5）

圖表 1-5　2020-2022 年半導體市場結構

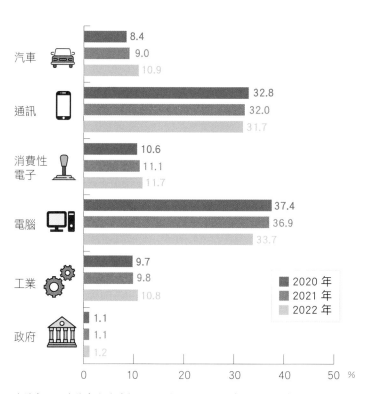

資料來源：資策會產業情報研究所整理自顧能的資料，2023 年 2 月。

半導體產業形成全球分工體系

半導體元件內部是一個非常龐雜、分工縝密、交錯互聯的電路系統，外部則是一個專業分工、全球分布、彼此依存互聯，卻又高度集中的產業發展生態體系。此體系以半導體製造為核心，周邊圍繞著設備、材料、特用化學品與氣體等眾多相關支援性產業。

因緣際會孕育分工體系

推動此體系發展的動力來自於幾股主要力量，其基礎則是各地區不同的比較優勢，各地區依其比較利益參加供應鏈的不同部位。例如擁有充沛勞力的地區發展封裝、測試等後端製造，具有技術人力優勢的國家以發展前端製造為主，先進國家則主導知識密集的半導體設計活動。

自由貿易趨勢

其次是國際貿易環境逐漸形成一自由往來的友善情勢。世界貿易組織（WTO）於 1995 年成立，加速全球自由貿易的腳步。2001 年 WTO 啟動杜哈回合新一輪的多邊貿易談判，希望進一步促進貿易自由化。但談判受阻，於 2008 年正式宣布破局，反激發區域經貿整合勃興，洽簽自由貿易協定（FTA）蔚為風潮。此期間，推動資訊、通訊、半導體、電子零組件等電子產品（不含消費性電子）及半導體設備上下游產品分階段在 2000 年降至零關稅的資訊科技協定

（ITA）於 1997 年 7 月 1 日正式實施，更是促進了企業跨國佈局的力量。

第三股力量來自各領域科技的發展，包括：資訊與通訊科技（Information and Communication Technology，簡稱 ICT）的進步，促使跨國企業進行全球布局管理；運輸科技進步，降低物流運輸成本；產品和生產技術進步，利於跨境分工生產等。

另一股潛在的力量則是來自消費者。消費者對產品功能、操作速度、可靠性等多方面的需求，驅動產品生命週期愈來愈短，對產業鏈上的企業在研發、設計、製造、通路銷售等活動持續給予必須加速創新、提升效率的壓力，此壓力擴散到設備、設計工具、材料等生態體系的每一環節，促使企業跨出國境尋求最高效率的布局，因應無止境的競爭。

依據 SIA 與 Nathan Associates Inc. 在 2016 年的報告[註3]，半導體產業生態體系的發展呈現階段性的演進，早期業者屬於整合元件製造者，集設計、製造、封測等活動於一身，從垂直整合獲致效益。1980 年代無廠設計者與代工服務者出現，無廠設計企業專注於設計與產品創新，免掉設廠、擴充、維護等重大投資；代工服務者則藉著服務多家無廠設計者達到高產能使用率與效率，二者藉著專業分工各自獲取效益，形成優勢互補結合。

到了 1990 年代，另出現了智財（IP）提供者，這些企業開發半導體設計之前的電路模組，提供給設計公司整合到更大的晶片設計而成為晶片中的一部分。（見圖表 1-6）

龐大的生態體系交織構成了複雜的供應網絡，該報告以美國一家半導體公司為例，該公司全球就有 16,000 家供應商，其中約 7,300 家分布在美國 46 個不同的州，另約 8,500 家分散在美國之外。這些供應商許多是小型企業，分布在不同產業，參與供應鏈不同環節。

圖表 1-6　半導體生態體系的演進

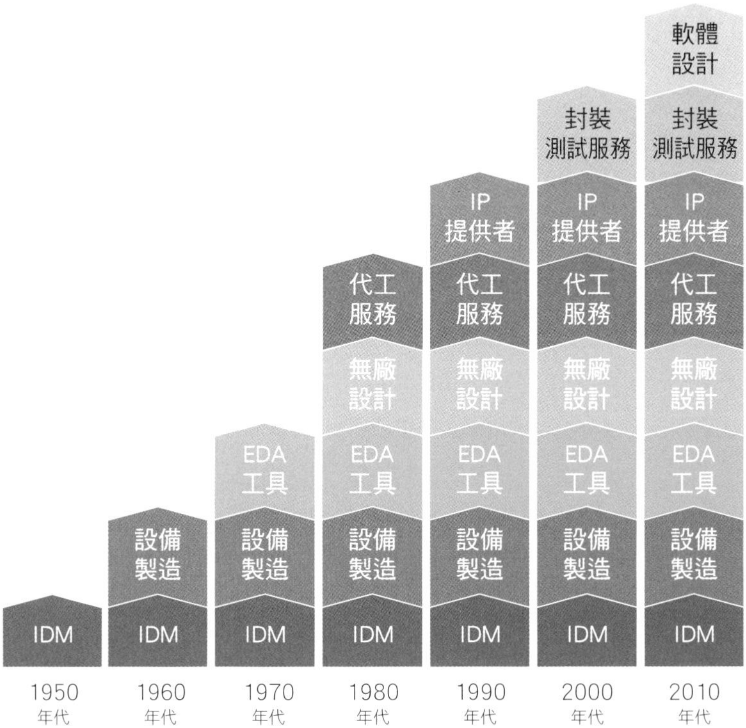

資料來源：SIA、Nathan Associates Inc., "Beyond Boarders-The Global Semiconductor Value Chain," May 2016.

集中度偏高

　　由於全球各地發揮其比較利益參加半導體供應鏈不同環節，因此供應鏈形成了另一個重要特色，那就是在許多環節集中度偏高。依據波士頓顧問集團（BCG）在 2021 年的研析，美國由於有世界級大學、跨領域眾多工程師人才、市場導向創新生態體系等優勢，因此在研發最密集的活動領先，包括電子設計自動化工具（EDA）、智財核（IP Core）、晶片設計、先進製造設備等。

　　涵蓋台灣、日本與南韓的東亞地區則專注在晶圓製造，由於有政府優惠支持大規模資本投資、良好基本建設與技術熟練人力等，因此成為晶圓製造重鎮。

　　至於大陸地區，由於組裝、封裝、測試等技術層次較低及資本密集，成為製造後段的基地，目前正大力投資擴充全價值鏈，擴大前端晶圓製造的參與。（見圖表 1-7）

　　從宏觀的視野觀察，半導體供應鏈呈現不同環節在不同地區或國家有高集中度的傾向。如果我們進一步分從各不同領域來看，亦存在類似的情形。

　　在設備方面，依照製程順序，主要設備供應商集中在美國、日本和歐洲，但對於製程不同階段的設備，不同國家各有其勝場[註4]。（見圖表 1-8）

　　在先進半導體製程，蝕刻和顯影製程的重要性愈來愈高，日本企業在占有率似擁有較高的優勢：

圖表 1-7　各地區在半導體供應鏈的占比

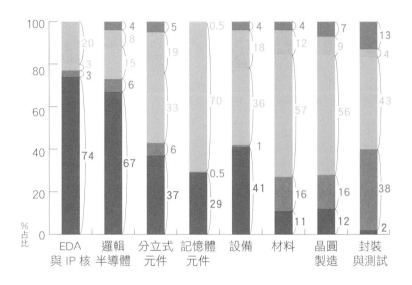

	美國	大陸	東亞	歐洲	其他
	■	■	■	■	■
EDA 與 IP 核	74	3	3	20	—
邏輯半導體	67	6	15	8	4
分立式元件	37	6	33	19	5
記憶體元件	29	0.5	70	0.5	—
設備	41	1	36	18	4
材料	11	16	57	12	4
晶圓製造	12	16	56	9	7
封裝與測試	2	38	43	4	13

資料來源：BCG, "Strengthing the Semiconductor Global Supply Chain in an Uncertatin Era," April 2021.

圖表 1-8　半導體主要設備供應商

晶圓 工序	設備供應商
覆膜	愛發科（ULVAC，日）、美國應材（美）、科林研發（美）、東京電子（日）
光刻膠塗布	東京電子（日）
光掩膜製造和光刻	艾斯摩爾（ASML，荷）、佳能（日）、尼康（日）、Lasertec（日）
蝕刻	科林研發（美）、東京電子（日）
清洗	SCREENHD（日）
晶圓檢測	東京精密（日）
切割	DISCO（日）
封裝與測試	Advantest（日）、Teradyne（美）
完成	

資料來源：日經中文網，2021 年 3 月 23 日

- 在晶圓上塗佈感光劑成像的塗佈顯影設備：東京電子就占了近 9 成。
- 清除晶圓表面的清洗設備：SCREEN 控股與東京電子占了 65%。
- 在晶圓表面形成氧化膜的力士氧化擴散爐：東京電子和 KOKUSAI ELECTRIC 占了 8 成以上。
- 切割晶圓的切片機（後製程）：迪思科（DISCO）和東京精密占了近 85%。

另外，在材料方面，依據日經中文網的研析[註5]：

- 作為半導體基板的矽晶圓，信越（Shin-Etsu Silicone）和勝高（SUMCO）兩家企業有全球 5 成以上的市占率。
- 打印電路的光刻膠（感光劑）日本企業市占率達到 9 成，JSR 和信越化學、東京應化工業等居於領先地位。
- 昭和電工等在半導體表面研磨用的 CMP 漿料（研磨液）所占比重就超過 4 成。
- 田中電子工業、日本微金屬（Nippon Micrometal）等，在晶片外部連接金線占有率達 5 成。

當摩爾定律的快速推進遭到阻礙、晶片微縮化面臨挑戰，製程後端的先進封裝技術可提高半導體性能，其重要性逐漸受到重視，日本在此方面以設備和材料取得優勢地位。

2021 年台積電在茨城縣筑波市建設後製程材料中心，與多家日資企業探索合作，即為運用當地優勢條件。另在光刻製程的極紫外光（EUV）設備，現今全球則是由荷蘭艾司摩爾（ASML）公司所獨占。

不只在設備、材料方面呈現高集中度，製程技術方面亦然。邏輯半導體製程技術在 10 奈米以下屬先進製程者，為台灣也就是台積電獨領風騷，應用於智慧手機及高速運算。美國集中在 10-22 奈米區間，大陸分散在 28-45 奈米及 45 奈米以上。南韓在記憶體領域，特別是 DRAM（Dynamic Random Access Memory 的簡稱）占有領先地位，歐洲和日本在 DAO 元件（指分立式〔discrete〕、類比〔analog〕、其他〔other〕等元件）有較高占有率，該等元件主要應用於工業和汽車領域[註6]。（見圖表 1-9）

如果以廠家製程技術來看，由於建廠或擴廠成本隨著製程技術的推進而節節攀升，逐漸的，一些晶圓製造業者放棄在先進製程的跟進，或轉為無廠設計企業，因此愈先進製程的業者愈少，形成在先進製程的晶圓製造集中度愈來愈高，進入到 10 奈米以下製程，在 2020 年僅剩台積電和三星電子[註7]。（見圖表 1-10）

全球化的一體兩面

1961 年，美國快捷公司（Fairchild Semiconductor，另譯為仙童）基於競爭考量，率先將半導體封裝測試移往香港，企圖降低生產成本提升競爭力，展開半導體產業海外布

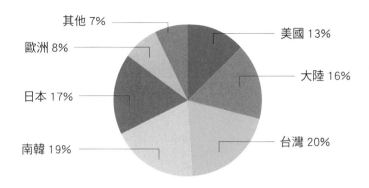

	美國	大陸	台灣	南韓	日本	歐洲	其他	合計
	■	■	■	■	■	■	■	
記憶體	5	14	11	44	20	2	4	33
邏輯半導體								41
小於 10 奈米	-	-	92	8	-	-	-	2
10-22 奈米	43	3	28	14	-	12	-	8
28-45 奈米	6	19	47	6	5	4	13	9
45 奈米以上	9	23	31	10	13	6	7	22
DAO	19	17	3	5	27	22	7	26

資料來源：BCG, "Strengthing the Semiconductor Global Supply Chain in an Uncertatin Era," April 2021.

局的紀元，迄今 60 年一甲子的時間，半導體產業發展成全球細緻專業分工的產業鏈和生態體系，不僅讓新興開發中國家參與發展而帶動其經濟成長，共同促進全球經濟的繁榮，

圖表 1-10　2001 至 2020 年先進節點廠數量

年	奈米	先進節點廠數量	
2001	130	18	
2003	90	17	
2005	65	14	
2007	45	12	
2009	32	9	
2012	22	6	
2015	14	4	
2017	10	3	台積電、三星、英特爾
2020	7	2	台積電、三星

資料來源：同註 7。

更讓產業本身與市場之間建構一良性創新循環，促使半導體產業維持長期成長態勢。

但是半導體產業鏈拉長與生態體系在許多環節的高度集中，則造成供應鏈斷鏈的潛在風險攀升。當某一環節因為天災、戰爭、疾病、貿易摩擦等事故造成嚴重衝擊，立即產生外溢效應（spill-over effect），波及到產業鏈上下游，形成系統性危機。

例如 2019 年 7 月，日本政府為了對南韓報復，採取新的出口管制措施，用於 OLED 面板、半導體生產的聚醯亞胺、光阻劑、氟化氫等三種關鍵電子材料，每次出貨到南韓都要歷經一次約 90 天的政府審查。8 月底，日本更將南韓從白名單（White Countries）中移除。日本慣例將國安友好

國家列為白名單，特別限制產品之外，企業可以自由出口。脫離白名單後，經產省隨時可以國安理由，指定產品進行 2-3 個月的出口審查，進行實質出口管控，造成南韓半導體與面板業者斷鏈風險，以及採取預防性擴大庫存而增加生產成本；尤其是光阻劑，日本企業的市占率高達 9 成，南韓對日本的倚賴達 8 成以上。因此如何維持供應鏈的正常運行，已是半導體業者共通性的課題。

半導體產業未來發展趨勢

半導體產業發展迄今已約 70 年的歷史，在這漫長過程，技術、產品、應用領域、產業結構等多方面都歷經重大創新變革，至今其發展仍未顯疲態，反而呈現出更旺盛的動態演進活力。

先進封裝成為顯學

在半導體產業發展歷史上，相對於高附加價值的半導體前段製造，後段的封裝、測試被視為較勞力密集及附加價值較低，美國業者已將這些生產活動大部分移往海外據點，特別是亞洲。

但隨著摩爾定律的推進，電晶體線寬微縮逐漸趨近物理極限；2010 年後電晶體的線寬已接近原子的大小，要將電晶體進一步縮小的困難度愈來愈高，除了致力於電晶體結構的創新，例如鰭式場效應電晶體（FinFET）、環繞式柵

極（GAA）等技術的發明，另方面產業界認知到封裝對提升晶片性能的重要，開始著重發展半導體先進封裝技術與生態體系，其中重要的途徑之一是將多塊半導體晶片往 3 維度（3D）縱向堆疊，或橫向排列連接，讓晶片可以達到與線寬微縮同樣的效果，並且提高處理性能與電力效率等，較先進的封裝技術有小晶片（chiplet）、晶圓級封裝（wafer-level packaging）等。但要將晶片在 3D 方向堆疊，必須解決散熱和電流等問題，成本也較高。目前積極朝此領域推進的企業包括無廠設計業者、晶圓製造業者、傳統專業封裝業者、設備與材料業者。

由於先進封裝在晶圓製造的重要性提高，台積電除了自行創新 3D Fabric 平台，從異質整合、系統整合推進到系統微縮，並且 2021 年 3 月在日本筑波的產業技術綜合研究所內設立 3DIC 研究中心，運用日本在設備、材料與科研人才的優勢，結合當地企業、研究機構和大學進行 3DIC、封裝技術與材料的開發。

科技業者紛紛投入自行設計晶片行列

愈來愈多科技龍頭開始設計自己產品所用的半導體晶片，不只蘋果、OPPO、特斯拉等業者自行設計晶片，谷歌、臉書、亞馬遜和微軟等雲端技術業者也正為各自的數據中心研發所需的晶片。晶片設計內部化除了可以避免仰賴第三方設計的不確定性，科技公司更能透過客製化的軟、硬體在競爭中獲得優勢。

例如谷歌過往一直仰賴高通所設計的晶片，2016 年推出自主品牌的 Pixel 智慧手機。2021 年該公司開發了專屬的 AI 晶片，針對自己的 AI 模型優化，相較標準型晶片有更高的性能和效率。谷歌計畫在 2023 年為其 Chromebook 和平板開發專用的中央處理器（CPU），蘋果在 2020 年宣布要用自家設計的 CPU 取代 iMac 和 MacBook 筆電中英特爾的晶片。隨著愈來愈多的科技公司自行設計晶片，交由台積電、三星生產的客戶跟著增加。在晶片設計內部化的潮流下，預期將對超微（AMD）、輝達和高通等無廠設計業者及晶圓代工業者帶來產業生態上的影響。

新興應用領域帶動化合物半導體的發展

　　每種材料都有其優點和缺點，數十年來半導體產業的發展都是以「矽」材料作為主軸，但是隨著新興應用領域的出現和成長，帶動新一代化合物半導體的發展。化合物半導體亦被稱為寬能隙半導體或第三代半導體，之所以被稱為寬能隙，主要是因其具有介於常規半導體材料和絕緣體之間的電子特性；而其之所以被稱為第三代半導體，第一代指的是1947 年後的矽和鍺（用於微電子），第二代是 1960 年後的砷化鎵（用於通訊產業）、磷化銦（用於照明產業），第三代則是 2020 年後的碳化矽（SiC，用於高電壓功率元件）、氮化鎵（GaN，用於高頻通訊元件）等。

　　碳化矽相較一般矽材料具有較寬能隙可在較高溫度下穩定工作、較高導熱率可提高熱傳導能力、高擊穿電場具耐高

電壓、低導電阻、高頻等特性,可應用於電動車、充電樁、風力發電、太陽能等綠能裝備。但碳化矽目前存在製造困難、長晶速度慢、成本較高等課題。2018年特斯拉Model 3電動車採用意法半導體的碳化矽逆變器(inverter),2020年比亞迪新能源車的馬達控制器也開始使用碳化矽元件。依據相關報導,碳化矽逆變器用於電動車可降低耗電量5-8%、抑制熱量產生,因此具延長續航距離、減少電池體積和重量等優點。

至於氮化鎵則因受物理特性的限制,較難製造可量產的大尺寸及高厚度的基板,只能使用其他能隙的材料為晶種來長晶,如GaN on Si、GaN on SiC等,前者應用於功率較低的通訊小基站射頻元件、消費性產品的快充裝置等;後者則應用在高頻、高溫、散熱要求高的產品,如雷達、大基站射頻元件等。

依據TrendForce的估計,2020至2025年,碳化矽的市場將從6.8億美元成長至33.9億美元,氮化鎵功率半導體將從0.48億美元成長至8.5億美元,雖然金額比起半導體整體的銷售額目前是微不足道,但年成長率相當高。展望未來,全球邁向碳中和的腳步會愈來愈快,化合物半導體有龐大的市場潛力,因此許多大廠都正積極在產業鏈的各環節布局。

半導體製造本土化與產業政策重啟

由於新冠疫情猖獗造成供應鏈中斷,加上車用晶片短缺影響車輛生產停擺,造成經濟重大損失,促使一些先進國家

開始重視本土半導體產業的扶植發展，確保供應鏈的韌性，產業政策再度受到重視。

多年來，產業政策在國際上已被視為一項禁忌，主要是「產業政策」一詞代表了政府對特定產業的補貼、保護等政策措施，造成國際間不公平競爭，甚至產能過剩、價格崩潰等嚴重後果，在 WTO 的規則下這些都是要被去除的作為。

為了要發展本土半導體產業，中國大陸長久以來採取大量的補貼與租稅優惠等措施；另外，美國智庫與白宮《供應鏈百日評估報告》等，都將目前全球半導體製造集中在亞洲的現象歸諸於當地政府的優厚補貼。因此東施效顰，開始運用政府直接補貼和租稅獎勵等措施促進本土投資半導體製造的國家增多，包括美國、歐盟各國、日本，甚至印度等；美國 2022 年實施的《晶片法案》提供設廠補貼和稅收減免等，即為典型的產業政策下的措施。

美中對抗與對中科技防堵成為常態

在全球化帶動之下，半導體產業成為全球供應鏈跨國分工最細膩的產業，生產製造、設備、材料、研發等活動分散在許多國家；在產業鏈不同環節、市場區塊、產品區隔等方面，產業集中度都相當高。在如此高效率的產業活動運作之下，產業創新成為良性循環，促使半導體科技加速發展。

但是近幾年來由美國主動發起的美中對抗，從貿易戰打到科技戰，又從科技戰延伸到以半導體為核心，包括出口管制、嚴審大陸對美國企業的投資、併購等，目的在防堵西

方科技移轉到大陸、牽制大陸半導體產業的發展。由於大陸是全球最大、成長快速的半導體市場，自給率目前僅約20％，進口金額達 3,500 億美元以上，此尚不包括設備、材料等；另外，包括南韓三星、SK 海力士等外國企業在大陸設有重要製造基地，各種限制措施對全球半導體產業的運行將造成重大衝擊。

展望未來，美中對抗將是一長久趨勢，美國並且正致力聯合盟友如晶片四方聯盟（Chip 4）共同防堵大陸、與大陸科技脫鉤，種種措施勢將對全球半導體產業運行模式、企業營運策略帶來重大改變。

台灣觀點 ————

半導體產業起源於美國，發展至今 70 多年的歷史，已經成為全球性的產業，滲透到日常生活的各領域，帶給全球經濟的影響可與石油能源相媲美。

70 多年來半導體產業的發展基本上循著三個主軸往前推進：一是**技術沿著摩爾定律的軌跡邁進**，二是**產品往多樣化發展**，三是**應用領域持續擴大**。在這三大主軸的引領下，半導體產業不斷的翻新、脫胎換骨，形成半導體產業的特殊面貌，例如技術的持續推

進促使產業資本和技術密集度節節攀升，衍生：

（1）發展模式的改變，例如無廠設計業的產生；

（2）產業結構的改變，例如分工愈來愈細膩、不同
　　　環節企業集中度升高；

（3）進入障礙愈來愈高，形成強者愈強。

　　從宏觀的視野看，在全球化趨勢的加持下，當前**的半導體產業可說是一個相關產業鏈跨越國境遍布最廣的產業，也是一個全球最多國家共同支撐的產業**，在全球攜手努力之下，促使半導體產業歷久彌新。由於半導體產業的特殊性，目前已經沒有任何一個國家可以追求達到產業自給自足的目標，也**沒有任何一個國家可以掌握產業鏈的全部重要環節，更沒有任何一個國家的產品可以滿足市場的全部需求**。

　　美國智庫波士頓顧問公司^{（註8）}的研究報告指出，以 2019 年來說，如果任何主要地區想要建立本土化供應鏈以滿足地區半導體的消費需求，撇開可行性不談，必須新增 9,000-12,000 億美元的投資，每年還要增加 450-1,250 億美元的營運成本，其結果是半導體產品價格上漲 35-65%。換言之，**半導體供需要自給自足的夢想根本是不切實際的**。

　　面對全球化的半導體產業就像面對一片大海，任何一個想要建立或重振半導體產業的國家，都必須有

一套清楚的產業發展策略，依據本身的既有條件明確產業在全球架構下的定位，勾勒出產業的去從，適如其分的扮演最佳的角色。

註解

註 1　Congressional Research Service, "Semiconductors:U.S. Industry, Global Competitiveness, and Federal Policy," October 26,2020.

註 2　WSTS News Release, "The Worldwide Semiconductor Market is expected to 4.4 percent growth in 2022, followed by a decline of 4.1 percent in 2023," November 2022.

註 3　SIA & Nathan Associates In., "Beyond Boarders-The Global Semiconductor Value Chain," May 2016.

註 4　日經中文網，〈支撐半導體製造的日本設備和材料廠商〉，2021 年 3 月 23 日。

註 5　日經中文網，〈半導體成戰略物資，梳理日本優勢〉，2021 年 6 月 16 日。https://zh.cn.nikkei.com/industry/itelectric-appli ance/44997-2021-06-16-05-00-00.html。

註 6　BCG, "Strengthing the Semiconductor Global Supply Chain in an Uncertain Era," April 2021.

註 7　ING, "EU Chips Act to boost Europe's technological prowess and strengthen economy," February 8, 2022.

註 8　同註 5。

第二章

先進國家分據不同山頭

相較亞洲新興國家，日本和歐洲在發展半導體產業屬於先行者。日本曾經建立起半導體製造王國，其 DRAM 記憶體橫掃天下；但繁華落盡之後，反在設備和材料產業建立起全球供應基地，在半導體產業扮演著助攻不可或缺的角色。

　　依據日本貿易振興機構《2022 年全球貿易暨投資報告》的統計，2021 年日本 IC 出口 339.3 億美元，占全球 3.3％；但在半導體製造設備出口則達 304.9 億美元，占全球 24.7％。而歐洲，則是固守著支援當地汽車、工業等下游需求的地盤，與亞洲分據不同市場區塊。但日本和歐洲有一共同點：在半導體相關研發方面累積多年厚實的基礎，在產業技術居於領先地位。

一、日本半導體產業

　　相對世界其他國家，日本發展半導體產業的時間相當早，也曾建立起強大的產業基地，但是一場美日半導體貿易戰卻改變了日本半導體產業的發展軌跡，讓日本半導體製造如斷崖式由盛轉衰。

　　世界半導體貿易戰最早發生在美國和日本之間，該次貿易戰之所以重要，主要是其扭轉了日本的半導體產業，同時改變了全球半導體產業版圖，堪為各國發展半導體產業的借鏡。

但是美日半導體貿易戰並不是獨立的個案，從歷史的洪流觀看，半導體貿易戰是美日長久貿易戰之下的必然，要瞭解美日半導體貿易戰，可先對美日貿易之間長久的恩怨情仇作個回顧。

美日貿易戰始末

美國對日本採取貿易制裁措施的時間很早，兩國貿易戰的糾葛長達 30 多年，日本受美國貿易制裁的歷史可謂血淚斑斑，受衝擊也最大。

糾葛不清的美日貿易戰

1950 年代日本快速從二戰後的廢墟復興，由於其工業底子深厚，從輕工業到重工業，傳統產業到科技產業，如紡織、鋼鐵、音響、彩視、錄放影機、汽車、半導體、電信等，一波接一波輪番崛起，在世界市場，尤其是美國，如秋風掃落葉般，陸續將美國主力產業打得抬不起頭來；美國從中西部、東北部到西海岸矽谷等地區，都籠罩在日本的競爭陰影之下。

1979 年哈佛大學教授傅高義（Ezra Vogel）在美國出版了一本引起各界震撼的著作《日本第一：對美國的教訓》（*Japan as Number One,Lessons for American*）。顧名思義，傅高義的目的不是要強調日本正蛻變為世界強國，而是希望美國政府瞭解日本是如何從戰後的失敗國走向成功之路。但

是很顯然的，美國政府只看到了前半段，即日本成為強國之後對其產生的威脅，因此貿易制裁措施一招接著一招出手，卻從不檢討自己落敗的原因、學習日本的成功之道。

美國對日本的貿易戰起自 1950 年代後期的紡織品，其後日本多項產業陸續遭到美國的貿易制裁，其模式大致相同，大體上是：日本產品對美國出口快速增長，美國業者遭受生存威脅、員工面臨失業危機，因此引發美國內部利益相關團體抗議、國會紛紛提案要求保護國內市場，迫使行政部門採取制裁措施；涉及的產業主要包括紡織、彩色電視機、鋼鐵、汽車、半導體、電信等；其中電信業和其他產業不同，基本上是美國為了撤除日本的貿易障礙，打開日本國內市場。

羞恥的自願出口設限

早期美國對日本採取的制裁措施以「自願出口設限」（Voluntary Export Restraint，簡稱 VER）為主，由日本對出口到美國的數量自行限定在一定範圍之內，例如 1957 年簽署的《美日紡織品協定》，約定 5 年期間日本每年出口到美國的棉紡織品限制在 2.55 億平方碼之內；1977 年的《美日彩色電視機協定》則規範 1977 年 7 月起，3 年期間日本對美國彩色電視機出口限定在成品 156 萬台及半成品 19 萬台之內。對日本而言，最窩囊的一件事是：明明是「被迫」採取損害自己利益的出口限制，卻還得說是「自願」。

到了 1980 年代初期，日本半導體產業快速崛起，對美

國業者造成嚴重衝擊。

半導體產業被加入兩國貿易摩擦的名單，美國首次將半導體產業之爭視為國安問題。1986年日本被迫簽署《美日半導體貿易協定》（U.S.-Japan Semiconductor Trade Arrangement），自願出口設限和開放市場為該協定主要內容。

綜合美日在不同產業方面的貿易摩擦，美國所採取的主要措施有下列幾項：

　　—— 日本出口數量採取自我設限
　　—— 日本出口產品設定公平價格
　　—— 對日本產品加徵懲罰性關稅
　　—— 日本對美國開放市場
　　—— 保證美國企業在日本的市場占有率
　　—— 加強日商赴美投資
　　—— 干預日本企業對美國企業的併購

301 條款

個別產業戰之外，美國另將注意力轉向了兩國結構性貿易障礙的問題，其所依據的是國內單行法《綜合貿易暨競爭力法》（Omnibus Foreign Trade and Competitiveness）超級301條款（Super 301）。

所謂301條款是指美國1974年制定的《貿易法》第301條，該條文規範：當美國企業在國外從事商業行為若遇

到不公平或不合理對待的情況，授權美國總統對該等國家以行政手段進行談判；倘若談判不成，即可實施貿易制裁。

但是隨著美國貿易赤字不斷攀升，國內保護主義逐漸抬頭，美國會於 1988 年修法通過《綜合貿易暨競爭力法》，在原來 301 條款基礎上增加了「特別 301 條款」（Special 301）及「超級 301 條款」，前者是針對智慧財產權方面遭遇不公平待遇，後者則是對於特定國家所有不公平貿易障礙，受調查國家可與美國先進行談判，如果談判未能達成共識，美國政府將進一步採取報復性措施，例如調高進口關稅等。

由於日本一向是採行鼓勵出口、保護國內產業、限制進口的政策，1989 年美國對日本啟用超級 301 條款，迫使日本簽下《結構性貿易障礙協議》，開放部分市場。1993 年美國再次要求日本擴大市場開放，日本不願接受，美國再度高舉超級 301 條款對日威脅，日本只好於 1994 年 5 月與美國達成協議，改善對進口貨品及外國企業的歧視性待遇、進一步開放市場，並修改阻礙外國企業進入日本市場的《大商店法》。

美日貿易摩擦模式

由於早期美日之間各產業貿易戰形成的原因、發展過程與結果大致相像，日本野村綜合研究所在其 1980 年出版的《財界觀測》中，推估美日經濟摩擦產生的結果如下[註1]：

1. 美國開發新技術、新產品。

2. 美國對日本輸出。

3. 日本對美國採取輸入設限、限制直接投資等措施。

4. 日本追趕，取得技術。

5. 日本進行產品改良，生產技術革新。

6. 美日之間產生生產力差距。

7. 日本對美輸出。

8. 美日生產力差距擴大。

9. 日本產品在美國的占有率急速上升。

10. 特定部分領域美日貿易不平衡擴大。

11. 失業、國安、選舉等問題，引發美國政治困擾，超越政治容許度。

12. 日本被迫採取自願出口設限。

13. 產生三種情況：

（1）競爭條件劇變，日本競爭力喪失、對美出口減少，自願出口設限協定已無必要，例如紡織纖維。

（2）日商對美直接投資，維持已開拓的市場、減少對美出口；雖然利潤較低，但為了維持短期市場與擴大長期利益仍有必要，例如彩色電視機、敞篷貨車、晶片製造等。

（3）由於生產要素的特性，直接投資不可行，因此開發提升生產力的技術，在自願出口設限的原則下對美國提供技術協助，本身即使維持產能七成運轉亦能獲利，例如鋼鐵。

1960 年代日本半導體產業逐漸崛起

二戰結束後美國積極協助日本復興，1950 年代起在美國有心扶植下，大規模移轉技術給日本。至 1960 年代日本仍是美國扶持對象，日本自美國取得技術並未遭遇太大困難。

引進技術

1953 年日本 SONY 公司的前身東京通信工業公司從美國西屋電氣公司（Westinghouse Electric）引進電晶體技術，但是 SONY 並未採納西屋電氣的建議將電晶體用於助聽器，而自行研製於 1955 年推出全球第一台電晶體收音機，嗣後其他日本公司紛紛跟進，憑藉產品創新打開美國市場。1959 年日本向美國出口收音機達到 400 萬台，約 5,700 萬美元；1965 年增至 6 倍達 2,421 萬台，其他電視機、電子計算器等也藉著產品創新、物美價廉，陸續打進美國市場。

當時的美國對此情形並不在意，認為日本廠商只是利用成本優勢生產低層次廉價產品，而美國半導體公司的重心則擺在滿足軍方訂單。1960 年代美國對半導體的需求占美國半導體市場的一半；至 1965 年，來自美國軍方的訂單約占整體半導體市場的 28％，IC 的 72％^{（註2）}。

在這期間日本企業仍存在量產技術的問題。1962 年美國快捷（Fairchild）公司發展出平面光刻技術，建立了第一家電晶體生產、測試封裝工廠，NEC 立刻向快捷引進這核

心技術，解決電晶體生產問體，產量大增。

此時美國將電子產業重心放在較高端的軍事用途，為日本消費性電子產業提供了崛起的機遇。但相較美國，日本技術仍落後甚遠，難以與美國直接競爭。當時日本經產省的前身通產省（MITI）以保護幼稚產業的名義，對外採取關稅壁壘和貿易保護政策，半導體產業因此開始成長。1968 年，美國德州儀器雖獲准以合資模式進入日本市場，但仍須遵守嚴苛的技術轉讓等限制。

另外半導體基本上有 PMOS、NMOS、CMOS 等不同製程，各不同製程產品各有不同特性。由於美國業者專注軍事用途，因此偏好 PMOS 和 NMOS 製程，日本工程師則看見 CMOS 具有減少功耗與有利縮小化的潛力，適用於消費性產品，因此選用 CMOS 製程。當 1980 年代產業標準轉向 CMOS 的時候，日本企業已在此方面累積厚實的技術能力。

1970 年 9 月 IBM 公司推出 System370/Model145 主機型電腦，使用半導體記憶體 DRAM 代替磁芯作為內部主要存儲器，DRAM 從此擁有龐大市場。DRAM 最早是 IBM 在 1968 年註冊為專利，但是在英特爾推出 1K DRAM 晶片後宣告其時代的來臨。

英特爾自推出 1K DRAM 產品之後，依循摩爾定律，約每隔 3 年就有容量 4 倍的新產品上市，並主導市場。根據摩爾定律，平均每 18 個月晶片容量會以 2 倍速度成長。在 1K DRAM 時代英特爾是霸主，4K 和 16K 時代則分別是 TI 和 Mostec 為最大供應商。

共同研發新一代技術

緊隨英特爾之後，NEC 於 1971 年也推出 DRAM 晶片，但技術落後於美商。當時日本得知 IBM 正開發第四代未來電腦，使用超大型積體電路（VLSI）技術，日本則仍在使用生產 16K 的大型積體電路（LSI）技術，通產省乃決心整合產業界力量進行技術研發，此是日本半導體歷史重要的一步。

1971 年之前，日本卡西歐等計算器大舉攻占美國市場，占有率幾達 80％，引發美國關注。1972 年美國拒絕繼續提供核心 IC 給日本，業者在技術推進遭遇困境，日企大規模退出計算器市場，占有率驟降到 50％，1974 年更降至 27％^{（註3）}。

1976-1979 年在政府引導下，日本開始進行 VLSI 共同組合技術創新行動專案計畫，由通產省領軍，日立、三菱、富士通、東芝、NEC 等五大公司為骨幹，聯合通產省的電氣技術實驗室（EIL）、日本工業技術研究院電子綜合研究所和計算機綜合研究所，共同投資 737 億日圓，設立 VLSI 技術研究所，以「打造未來計算機所用大規模積體電路」為目標。

但因五家公司彼此之間也是競爭者，VLSI 技術研究所成立之時，考慮競爭者能否相互合作的問題，因此研發標的以「基礎性、共通性」技術為方針，從各家公司的共同點進行研發；其中通產省補助 291 億日圓占 39.5％，幾乎是當時通產省補貼支出的 50％。另外，日本開發銀行也為日本半

導體企業提供一定的低利貸款。相對的，此時期美國的利率則高達 4％至 5％；更不利的是 1969 年後稅法改革，資本增益稅從 25％上調到 49％，矽谷的風險投資遭受重創，直到 1978 年稅率下調至 28％，風險投資才開始再度興起^{（註4）}。

VLSI 項目持續 4 年，取得專利 1,210 項、商業機密 347 件，成果顯著。1970 年代，日本關鍵製程設備和生產原料對美國倚賴 80％以上，而到 1980 年代初期日本半導體製造設備國產化達到了 70％以上，為日本超越美國成為半導體產業霸主奠定了基礎，至今仍是支撐日本為全球半導體產業重鎮的關鍵。

在 DRAM 市場，日本企業從 1970 年代開始快速成長追趕，至 1982 年日本於 DRAM 市場占有率已超過美國躍居世界首位。在 64K DRAM 時代全球最大廠商是日立，1981 年日立全球市占率 40％、富士通 20％、NEC 9％。到了 256K 時代霸主換成 NEC，1M 則為東芝。1986 年日本廠商在 DRAM 占有率 80％達最高峰。

相對的，於 1974 年 DRAM 全球市占率曾達 83％的英特爾，在市場被日本取代後，至 1985 年終於退出 DRAM 產業，集中力量發展微處理器。另一家於 1970 年代後期 DRAM 市占率高達 55％的 Mostek，在遭遇財務問題被聯合技術公司（UTC）收購後，又轉賣給意法半導體；1978 年幾位 Mostek 離職人員另起爐灶成立了日後的美光科技公司（Micron Technology），並於 2001 年收購 TI 記憶體部門。換言之，日本是在 DRAM 產業戰勝美國才成為半導體行業

霸主。

1970 年代進入半導體產業黃金時代

　　1973 年之前，全球半導體產業可說是美國的天下。但從 1978 年開始，日本生產的 IC 快速成長。1979 年 IC 製造商前十大無一家是歐洲公司，日本占有三家：NEC、日立、東芝，占有率從 1977 年 14.8％提升至 19.5％。野村綜研《財界觀測》引用日本電子機械工業會的推算，1979 年美、日、歐三地的生產比率為 70：23：8，消費比率則是 50：27：23，顯示美國業者仍有主導世界 IC 產業的氣勢。

日本成為半導體大國

　　但從 1979 年 8 月開始，日本對全球 IC 貿易由逆差轉變為順差，導致該年總貿易數字出現順差。一般的分析結論是：在 IC 需求大增的時候，日本企業趁機大力擴充產能，美國卻未能把握機會，造成美國發生 IC 供不應求的現象，日本順勢對美擴大輸出。1980 年代初期，日本成為半導體第一大國，1986 年在全球 DRAM 市場占有率達到 80％；而在全部半導體晶片市場日本經濟產業省整理 Omdia 的資料，1988 年日本占有率達 53％，美國 37％、歐洲 12％、南韓 1％，均無法與日本匹敵。依顧能的排名，至 1990 年半導體前 10 大企業，日本有 6 家；前 20 大中則占 10 家。日本半導體產業覆蓋從原材料、製造到封裝加工，再到終端產品製

造的完整產業鏈，國產化比率達 70%，可謂盛極一時。

　　日本半導體產業之所以能夠快速崛起後來居上，原因相當多，包括外在、內部與產業及企業特性等諸多因素。早期發展得力於美國在協助日本復興的大政策下順利移轉技術，克服了發展的進入障礙。日本政府則在貿易保護及 VLSI 技術突破等方面發揮了關鍵的力量，同時美國廠商著重軍方市場，忽視商用市場帶來的規模效益，給了日本產業彎道超車的機會。另外，日本企業經營模式的特質恰好與半導體產業的特性相結合，充分發揮了其競爭優勢。

綜合電機廠商扮演重要角色

　　日本的半導體廠商都是綜合性電機公司，而 IC 產業需要大規模投資、研發與製造，資金需求龐大且如滾雪球增加。《財界觀測》根據美國商務部（United States Department of Commerce）的報告指稱，在 1954 年只要有 10 萬美金就可投入半導體生產，1973 年則需 400 萬美元，至 1980 年更是 1973 年的 10 多倍。在資金調度方面，日本的綜合電機製造企業較一般美國專業 IC 中小製造商更為有利，不同部門的營業獲利可轉為投資 IC 設備與研發之用。尤其是在市場需求快速增加時候，日本企業多能趁機擴張產能與規模，因此取得市場先機及占有率。

　　其次，在技術開發的競爭上，綜合性電機製造公司具有開發家電、重電、通信設備、電腦等跨領域的技術，各部門的技術課題為何、各部門產品需要什麼 IC，都一清二楚，

對技術開發自然有利。另在市場方面，綜合電機公司擁有龐大的企業內部市場，可提供新一代 IC 開發所需要的初期市場，藉由學習曲線效應早期降低成本，獲得競爭力。但日本企業並未以此滿足，在無國內軍用或政府市場支持下致力出口，一般外銷比例高達八成以上。

日、美各擅勝場

　　半導體產業分設計與製造兩大領域。IC 所具備的功能是邏輯電路圖所表示的工作，IC 的密集度愈高、愈複雜，所能發揮的功能愈大，設計的工作愈重要。設計人員不僅要有電子電路的專業，也必須有強大的邏輯思考力與創造性的想像力，工作上容許個人自由發揮其才能，美國自由、開放、鼓勵創新的社會提供了培植系統設計人才的良好環境。微型電腦是英特爾公司發明的，IC 是德州儀器與快捷發明的，1951-1968 年包括 IC 的半導體主要新產品 13 件中有 12 件是美國人發明的，創造性新產品的開發能力是美國人擅長的。在系統設計的工程師方面美國優於日本，直至今日美國仍在 IC 設計領先其他國家。

　　但在製造方面，IC 的密集度愈高，製程愈為複雜、冗長，每經過一道工序良品率都可能降低；全部製程的良品率是各工序的良品率以乘數累積計算，良品率會隨 IC 密集度增加及製程拉長而逐漸降低，晶片密集度變為 5 倍時良品率可能下降三分之一。

　　因此，隨著 IC 的功能愈強大，各製程、工序的品質管

制就愈為重要，在此方面日本製造業處於較美國有利的地位。日本業者在現場採用品管圈的制度，以團隊方式共同努力解決問題，提升良品率，此種品管圈又是採取事先防止不良品的品質管制制度，而非美國著重事後檢查的品質管理，良品率自然較高。在文化上美國由於較重個人主義，對日本式品管圈的運用較不適合。IC 產品的美日價格差距就是美日製造技術之差別。

此外，IC 生產具有特殊的學習曲線效應，產品生產累積數量每增加一倍（即累積數量為原來 2 倍）其製造成本即減少 20％ -30％。較早開發新產品早期進入量產階段，就可以較低價格出售贏得競爭。日本企業是綜合性電機公司，在這方面具有其優勢地位。（見圖表 2-1）

圖表 2-1　日本 IC 製造商在競爭上的優劣勢

優勢	1. 綜合性電機公司在設備投資的資金與技術人員的數量具有優勢。 2. 綜合性電機公司足以發揮包括材料在內的綜合技術能力。 3. 綜合性公司擁有龐大企業內部市場。 4. 管理制度上實施嚴格品管制度，品質優異，較能獲日本市場接受。 5. 由於傳統文化，例如善於模仿，擅長記憶體生產技術。
劣勢	1. 由於傳統文化，創造性技術開發與系統設計能力相對較差。 2. 對歐洲投資較落後。 3. 因為沒有軍方需求，欠缺超大型系統開發經驗。 4. 對美歐投資時，因文化差異產生障礙。

資料來源：野村綜合研究所《財界觀測》，1980 年 6 月。

1980 年代貿易戰白熱化

　　在日本半導體產業不斷擴大全球版圖、美國企業逐一被迫退出市場時，美國內部逐漸形成美日半導體產業之爭為國安問題的看法。

氛圍醞釀形成

　　1978 年，美國《財富》（*Fortune*）雜誌刊登〈矽谷的日本間諜〉的報導，1981 年又兩次刊登日本敲響美國半導體產業的警鐘的文章。到了 1983 年，《商業週刊》（*Businessweek*）雜誌刊登長達 11 頁的〈晶片戰爭：日本的威脅〉的專題，透露出日本半導體產業已經引起美國社會的重視。而在日本廠商持續擴大產能之下，造成市場供過於求的現象，DRAM 記憶體價格大幅下挫。1985 年 6 月美國半導體產業協會代表產業界向美國貿易代表署（USTR）提出日本半導體產品傾銷的控訴，美光公司跟進向美國商務部提起日本 64K DRAM 傾銷訴訟，展開美日半導體貿易戰。

　　1986 年在美國壓力下，日本不得不與美國簽下《美日半導體貿易協定》，日本除被要求自願出口設限，還被要求開放半導體市場，保證 5 年內美國公司在日本市場占有率要達 20％；另外日本被要求必須在美國共同參與下進行半導體技術開發。但隔年，美國又立即以日本違反協定為由，對日本半導體、電視機、個人電腦等產品課以 100％懲罰性關稅。協定之外，美國政府也阻止富士通收購美國快捷

公司，美光、國家半導體（National Semiconductor）及超微（AMD）等先後控告日本企業違法傾銷、侵權等行為，迫使日本企業付出巨額賠償。

屋漏又遭連夜雨，南韓趁勢而起

另在總體經濟方面，1980 年代中期，美國雷根總統主政期間財政赤字攀升，貿易逆差不斷擴大，希望藉由美元貶值來提升出口競爭力、改善財政赤字。1985 年 9 月美國、德國、英國、法國和日本財長及央行行長在紐約廣場飯店舉行會議並達成協議，五國共同支持美元有秩序的貶值，目標是美元貶值 10-12％，合作期間為 6 個星期，此即著名的《廣場協議》（Plaza Accord）。

依據協議，日本央行的目標是日圓升值到 1 美元兌 200 日圓，但實際情況產生失控，到了 1986 年 9 月，日圓從原來 1985 年 9 月的 1 美元兌 250 日圓大幅升至 187 日圓，1987 年 10 月更來到 1 美元兌 120 日圓。面對日圓升值導致出口競爭力大幅下滑的現實，日本企業開始大規模往外遷徙，產業結構發生重大轉折。

另方面，在《廣場協議》後日本政府採取寬鬆擴張的貨幣及財政政策，過剩廉價的資金湧入股市和房地產，從 1986 年到 1989 年日經指數的股價及土地價格上漲接近 3 倍，日本被推入泡沫經濟……。

俟經濟泡沫破滅，日本隨即陷入失落的 10 年、20 年、30 年，企業無力再像過去在半導體、液晶面板等投下大規

模資金，加大了資本密集的科技產業往外移動的壓力，產業空洞化的現象日趨嚴重。

就在日本半導體進入美國市場受阻、半導體價格回升、日本企業無力大舉投資的時候，給了南韓企業趁勢而起的機會。1992年南韓三星電子在DRAM記憶體領域占有率已居第一位，NEC、東芝等則於2001年退出DRAM市場。另依據日本經濟產業省資料，1988年日本在全球半導體產業占有率達到50.3％，美國為36.8％，亞洲其他3.3％；至2019年，日本降至10.0％、美國回到50.7％、亞洲擴大至25.2％^{（註5）}。

2000年代逐漸重拾潛藏的競爭力

產業重整

回顧1970年代半導體產業的發展雖曾經從美國轉到日本，但歷經美日半導體貿易戰與廣場協議等劫難，1980年代後期日本半導體產業又慢慢流失到南韓。其間，日本政府曾數次力圖振興，但時空背景已大不相同，未能力挽頹勢，只能在特殊用途半導體生產方面占有一席之地。

例如1999年在通產省主導下，日立和NEC部門整合成立了爾必達（Elpida），三菱電機隨後加入，其他半導體業者則陸續退出DRAM業務，集中資源在較高附加價值的系統IC等領域。2008年全球經濟海嘯，需求驟降，DRAM嚴重過剩、價格暴跌，爾必達陷入經營危機。雖然當時台灣

DRAM 產業亦遭遇相同困境，台灣政府企圖重整產業，與爾必達公司洽商合作，爾必達公司曾有強烈意願，但台灣產業重整工作在立法院遭遇挫折而使合作功案敗垂成；另日本政府雖在 2009 年為其注資並擔保獲得日本政策銀行融資，仍無力挽回。爾必達終於 2012 年 2 月宣布破產，7 月被美光併購。

另外 2003 年日立和三菱電機成立瑞薩科技公司，NEC 於 2010 年加入，改名為瑞薩電子，2014 年曾列名為第 14 大半導體公司，為微控制器主要廠商。

富士通公司則於 2015 年將其研發部門與松下公司合併，主打影像感知器、電池 MCU 控制晶片等，後於 2020 年被台灣新唐科技公司所併購。

至於東芝半導體，早在 1980 年代初，東芝就研發出快閃記憶體，至 2010 年代中期與核能事業並列為該公司重要的支柱部門。但由於合資的核能事業西屋電氣公司發生巨額虧損，連累到母公司，因此在 2018 年 6 月，東芝將電腦記憶體業務售予貝恩資本（Bain Capital）所主導的美日韓聯盟，成立東芝記憶體控股公司；該聯盟除了貝恩資本之外，還有東芝、豪雅（HOYA）和南韓 SK 海力士。至 2019 年 10 月，公司更名為鎧俠控股株式會社，為 NAND 快閃記憶體第二大廠商。

日本半導體產能猶存

從產品類別來看，日本在記憶體、微控制器和影像感知

器三方面仍占有一席之地，根據 FrendForce、IC Insights 和 Strategy Analytics 等研析公司的調查，2021 年鎧俠在 NAND 快閃記憶體占有率約 20％，排名第二；瑞薩在微控制器占有率約 17％，居第三位；索尼在智慧手機用 CMOS 影像感知器占有率達 49％，是該領域龍頭企業。

但在半導體製造還有一個部門是日本業者的強項，那就是功率半導體。功率半導體用於控制電壓和電流，除了被廣泛用於空調等家電產品的節能變頻控制，還被用於電力相關工業設備和運輸車輛，與應用於電腦、資料中心、智慧手機等消費性電子作為計算、存儲資料之用的半導體有別，猶如長江和黃河，各有各的發展。目前功率半導體的市場規模僅占整體半導體的十分之一，但面對全球氣候變遷的挑戰，功率半導體可以提高設備節能功能，其需求將會持續大幅成長。例如國際能源總署（IEA）在其 2021 年《全球電動汽車展望報告》預測，純電動車輛未來會以每年三成的速度成長，至 2030 年全球預估將達 1.45 億輛，促使功率半導體成為明日之星。

依據英國市調公司 Omdia 的統計，2020 年 4 月發布的統計，在 2021 年全球前十大功率半導體公司中，日本占了五家，包括三菱電機（居第四位）、富士電機、東芝、瑞薩電子和歐姆，營收合計占業界 21.1％。

功率半導體具有少量、多樣的特性，屬於客戶訂製型，可以利用既有設備滿足客戶需求，不需在新設備進行大規模投資戰，但其進入門檻較高，類似特殊領域，讓日本企業取

得發展空間。由於未來前途看好，中國大陸企業積極加入競爭、業者投資較大尺寸晶圓生產設備提升競爭力，加上產業往碳化矽和氮化鎵等所謂第三代半導體或化合物半導體發展，將為日本業者帶來競爭壓力。

設備和材料一向是日本強項

雖然日本半導體製造產業的全盛時代已經過去，但是在半導體設備和製程所使用材料方面，日本扮演了舉足輕重的角色。

設備方面，依據美國政府 2021 年公布的《供應鏈百日評估報告》（Building Resilient Supply Chains, Revitalizing American Manufacturing, and Fostering Broad-Based Growth）所引用資料，2019 年日本在全球半導體設備的占有率 31.1％，居第二位，僅次於美國。在全球前五大半導體設備供應商，東京電子以市占率 13.4％ 居第三位，為全球三大蝕刻設備廠商之一。 若依製程類別來分，在晶圓製造輸送與標記設備（占有率 75.3％）、組裝與封裝（35.7％）、測試（48.6％）三大領域，日本均居第 1 位；另在微影光刻（28.3％）、沈積（20.9％）、蝕刻清洗（14.2％）、製程控制（14.2％）、晶圓拋光（14.2％）、離子植入（8.0％）等諸領域則居第 2 位。換言之，日本在半導體後段製程設備有其優勢。

如果進一步觀察，可以發現在半導體製程重要工序日本廠商皆占有一席之地^{（註6）}，如圖表 2-2 所示，尤其是東京電

圖表 2-2　半導體製程日本主要設備廠商

工序	設備供應商
晶圓	
覆膜	愛發科、東京電子
光刻膠塗布	東京電子
光掩膜製造和光刻	佳能、尼康、Lasertec
蝕刻	東京電子
清洗	SCREENHD
晶圓檢測	東京精密
切割	DISCO
封裝與測試	Advantest
完成	

資料來源：2021 年 3 月 23 日，日經中文網。

子。

　　至於半導體材料方面，日本的矽晶圓占有率達全球一半以上，信越化工和勝高分居第 1、2 位；台灣環球晶居第 3 位，本來該公司想藉併購居第 4 位的德國世創（Siltronic）而超前勝高，但該併購案未獲德國政府同意而受阻。

　　在製程上，使用的重要材料光刻膠（光阻劑）日本擁有絕對的優勢地位，市占率估計達九成左右，日本合成橡膠（JSR）、東京應化和信越化工是主要企業。光罩則有大日本印刷、凸版印刷和 HOYA 等，晶圓研磨液有昭和電工和 Fujimi Inc 等，引線框架有三井高科技和新光電氣工業，半導體連接金線則有田中電子和 NIPPON MICROMETAL 等，在在顯示出日本在半導體產業扮演著舉足輕重的角色。

日本半導體戰略

　　基於半導體具有國家安全的戰略意義，是未來支援數位社會關鍵基礎設施的核心、致力節能和綠化實現 2050 年碳中和的驅動力量、強化產業供應鏈韌性的關鍵，以及過去日本擁有強大的半導體製造產業的輝煌歷史等諸多因素，日本政府將推進半導體製造，包括新建和現有工廠改造，列為國家政策的重點，經濟產業省並於 2021 年提出《半導體戰略》（註7）。

強化產業基礎四大方向

該半導體戰略主要分為強化國內產業基礎和國際經濟安全戰略兩大部分。強化國內產業基礎又分為以下四大方向：

1. 共同開發尖端半導體製造技術並在日本設立代工廠。
2. 加強數位投資與先進邏輯半導體的設計。
3. 促進半導體技術的綠色創新。
4. 強化日本國內半導體產業組合及供應鏈的韌性。

由該四大方向可知綠色經濟、數位轉型、半導體生態體系是戰略的核心。

在共同開發半導體製造技術及在日本設立代工廠方面，其主要思維是要運用日本在材料和生產設備的優勢，並且掌握當前數位投資的機會，以結合海外代工廠、產業技術總合研究所（產總研）、大學、研究機構和日本設備、材料業者等三方合作為策略重點，開發超越 2 奈米製程、新結構電晶體等前製程之微型化生產技術，以及後製程之：

1. 先進邏輯半導體 3D 封裝加工、異質整合小晶片（chiplet）等。
2. 用於記憶體和感測器等的 3D 堆疊技術。

同時支持次世代先進半導體製造所需的設備和材料的研發，最終目標是立於前製程微型化生產技術與後製程 3D 化生產技術研發的成果建造日本國內量產化的工廠，進一步強化日本的設備與材料產業。

在加強數位投資與先進半導體的設計方面，主要是因為隨著 5G、AI、IoT 等數位技術的發展會衍生出這些技術的

應用系統和數位技術使用的案例，需要開發出先進邏輯半導體來支撐；另方面在政府推動數位新政促進數位投資及數位轉型之下，會刺激對邏輯半導體的需求，政府將結合 5G 通訊基礎設施、自動駕駛、醫療保健、智慧城市、高速運算中心（HPC）、工廠自動化、IoT 等先進邏輯半導體的使用者、通訊運營商和供應商，以及半導體設計公司，共同推進包括邊緣運算半導體設計技術的開發。

至於促進半導體技術的綠色創新，主要是著眼於隨著數位技術和應用的快速發展，數據中心、資訊與通訊設備等相關電力消耗會大幅增加，透過技術的創新可以降低電力的需求。未來要推進的方向包括：次世代功率半導體的創新、促進光電裝置和光電融合處理器的發展、次世代邊緣運算技術與超級分散式綠色運算技術開發等。

至於第四個重點方向，強化國內半導體產業組合及供應鏈的韌性則主要是在加強日本國內半導體產業發展的環境，重點措施有：更新現有半導體工廠廠房和生產設施、利用補助強化包括設備、材料等半導體供應鏈、降低基礎設施費用、培育人才、透過共用設施與科技平台等打造支持大學等半導體研究的環境。

國際經濟安全戰略三領域

國際經濟安全戰略部分主要分為三大領域：

1. 加強先進智慧技術，掌握半導體生態體系不可或缺的關鍵點。

2. 經由與其他國家的合作促進國際間共同研究開發。

3. 與盟友合作進行產業政策的協調，如出口與技術管理、分享半導體產業鏈的資訊等。

在海外半導體製造業者之中，日本政府瞄準的首要對象是台灣的台積電公司。由於晶圓受到材料物理特性極限的限制等因素，提升電晶體密度的摩爾定律的進展遭遇障礙，將多顆晶片予以三度空間垂直整合成為重點方向之一，而在日本擁有多家台積電材料和設備供應商，如果結合雙方優勢，一方面可以提升台積電競爭力，同時促進日本的製造業發展與相關技術的加速推進，創造雙贏的局面。

台積電打頭陣

於 2021 年 2 月 9 日台積電董事會通過於日本投資設立百分之百持股的材料研發中心，實收資本額約新台幣 50 億，選擇地點是東京東北方的茨城縣，以台積電目前發展重心的 3D 封裝材料和技術為主。而據日本經產省表示，日本政府將對該項投資支持約一半的經費。經費補助之外，重要的是日本擁有先進封裝基板技術的揖斐電（Ibiden）、晶圓背面磨薄研磨機的 DISCO 等約 20 家企業均可參與台積電的研發，可助台積電達到協同開發縮短時程的效益。

在日本政府積極推動之下，台積電接著與日本 SONY 子公司 SONY 半導體於 2021 年 11 月共同宣布：台積電將在日本熊本縣設立子公司日本先進半導體製造（JASM），SONY 半導體計畫投資約 5 億美元取得 JASM 不超過 20％

股權；JASM 將於 2022 年興建 12 吋晶圓廠，2024 年底開始生產，採用 22 奈米及 28 奈米製程，月產能達到 4.5 萬片晶圓，產品主要包括影像感知器、微控制器等，該案並獲日本政府承諾支持。嗣後，台積電、SONY 半導體及電裝株式會社（DENSO）又於 2022 年 2 月共同宣布，DENSO 將參與 JASM 投資約 3.5 億美元，持股超過 10％，目的在掌握汽車半導體的穩定供應來源，因應未來「互聯汽車、自動駕駛、共享汽車、電動汽車」（Connectivity,Autonomous,Shared,Electrified，簡稱 CASE）時代的來臨。

2021 年 12 月日本參議院通過支持新建和擴建先進半導體工廠的法案，最多將補助新建和擴建半導體工廠所需費用的一半，附帶條件是接受補助者必須持續生產營運一定期間，供不應求時要進行增產等；補助款項是在「新能源產業技術綜合開發機構」（NEDO）的基金下提供。有關基金在通過的 2021 年補充預算中先行列入 6,170 億日圓，日後依據需要再行增加。此項法案不僅適用台積電投資的 JASM，也適用在日本設有記憶體工廠的美國美光和本土的鎧俠控股公司等。

美日合設半導體研發中心

由於美日在半導體製造的戰略目標一致，2022 年 5 月美國商務部長雷蒙多（Gina Marie Raimondo）與日本財政大臣荻生田光就半導體簽署合作基本原則。至 7 月 29 日，兩國在華盛頓召開經濟版 2+2 部長會議，參加者有日本財政大

臣荻生田光、外務大臣林芳正，美國則有國務卿布林肯、商務部長雷蒙多，會議中敲定兩國將為次世代半導體設立聯合研發中心。據日經中文網報導，該研發中心預定年底在日本設立，專攻最先進 2 奈米製程晶片，並設置實驗性生產線，最快 2025 年可開始量產。荻生田光表示，該中心開放給其他志同道合國家加入，但兩國並未發布相關計畫細節。

報導指稱，這座聯合研發中心將從美國國家半導體科技中心（NSTC）引進設備和人才，日本產業技術綜合研究所、理化學研究所（Riken）和東京大學也將參與研發計畫，企業將獲邀參加；合作內容將包括研究晶片設計、製造設備和材料開發，以及生產線安裝。日本政府和產業界認為，日本要在半導體製造挽回頹勢，此次的日美合作將是最後的機會。[註8]

更新半導體產業

日經中文網另一篇報導則提到，截至 2019 年日本共有 84 座半導體前製程工廠，大多數是 1980 年代所建置，規模小且設備老舊，但是員工累積有多年製造經驗，如果將這些工廠予以更新，可迅速的提高日本半導體產業的競爭力[註9]。因此在政策引領下，日本金融機構將主導把資金投向半導體工廠，重振半導體產業，首先是日本政策投資銀行和伊藤忠商事出資的投資基金等將合力收購美國安森美（ON Semiconductor）設在潟縣的工廠，計畫引進功率半導體的新製造設備，生產純電動車用半導體，為日本半導體產業再

生邁出第一步。

最新產業聯盟

為了推進先進晶片製造，日本經濟產業省於 2022 年 11 月宣布：由豐田汽車、索尼集團、日本電信電話公司、軟銀、電裝公司、鎧俠、NEC、三菱日聯銀行等 8 家企業共同成立名為「Rapidus」新公司，以「Beyond 2 Nano」次世代運算邏輯半導體製造技術為目標，計畫 2027 年完成建廠生產、2030 年前後投入代工領域。新公司各家企業出資 10 億日圓，並預計將由新能源產業技術綜合開發機構（NEDO）提供 700 億日圓補助。

Rapidus 成立之後，2022 年底和美國 IBM 公司簽署了技術授權合約，IBM 已於 2021 年成功試製 2 奈米產品，Rapidus 將派遣員工赴美，移轉所需的基礎技術。日經中文網 2023 年 1 月專訪該公司社長小池淳義，他表示公司將力爭在 2025 年上半年啟動試製生產線，於 2020 年代後半開始量產 2 奈米產品。

日本是玩真的

從日本政府通過半導體補助法案、引進台積電投資設廠及設置研究中心、與美國合設研發中心、更新老舊半導體產業、聯合企業成立新公司投入次世代半導體製造技術等積極作為，可以知道目前全球真正從多方面重振先進半導體製造的是日本政府。由於日本在半導體設備與材料擁有雄厚的技

術與產業能量，在製造前段和後段技術的研發、推進具有強大優勢條件，預期在未來尖端晶片製造技術領域將居於領先地位。

二、歐洲半導體產業

在全球半導體產業，歐洲雖然不是一個相當耀眼而受到矚目的地區，其產能在全球占比，從本世紀初的 25％下挫到 2020 年的 10％以下，但是有不少公司在半導體供應鏈不同區塊占有一席之地。

以利基市場為主的半導體產業

歐洲半導體產業以滿足當地市場為主，聚焦在汽車和工業等利基領域，依據 ING 集團 2022 年的報告《EU Chips Act to boost Europe's technology prowess and strengthen economy》，2019 年歐洲終端市場對半導體的需求：汽車約占 37％、工業 25％、通信 15％、電腦 14％、其他 9％，汽車和工業兩部門就合占了約 2/3。

由於半導體產業的市場著重在汽車和工業等部門，業者在感知器、電力與射頻晶片等產品領域維持著強大競爭力。在這些領域，強調的是材料與性能等方面的創新，和消費

性電子、電腦等致力於縮小晶片面積不同，因此歐洲的半導體製造業者所採用製程技術幾乎都在 20 奈米以上。著名的公司如英飛凌（Infineon）、恩智浦（NXP）、意法半導體（STMicroelectronics）等，都是整合元件製造商（IDM），使用的多半是 40 奈米以上製程；其他則大多是半導體無廠設計公司，產品設計後委由包括亞洲的代工廠生產。也因為當地缺乏大規模的消費電子產業的需求，歐洲在先進邏輯晶片方面的發展較為落後。

以功率半導體為例。該項產品分為分立式及 IC 兩類型，主要應用於家用電子產品、電動車、新能源、雲計算、5G 通信等領域。依據 Omdia 公司 2022 年公布的市調資料，2021 年全球功率半導體市場的前十大企業，歐洲就占了 3 家：英飛凌、意法半導體和荷蘭安世半導體（Nexperia），合計占全球 31.2％，遠超過日本三菱、富士電機、東芝、瑞薩、歐姆等 5 家企業的 21.1％；其中英飛凌一家的市占率就高達近 21％，遙遙領先第二位美國安森美（Onsemi）公司的 8.8％。

英飛凌前身是德國西門子集團旗下的西門子半導體公司，1999 年獨立出來，2002 年更名為英飛凌，目前主要產品有微控制器、電力電子如 IGBT 等。恩智浦則原是荷蘭飛利浦公司旗下半導體部門，2006 年分出獨立改為現在名字，半導體以汽車電子等為主要業務。意法半導體最早是於 1987 年由義大利的 SGS 微電子與法國湯姆森（Thomson）公司半導體部門合併而成，1998 年湯姆森撤出股份後改為

現名，目前是歐洲最大半導體公司，產品線廣，包括影像感知器、快閃記憶體、類比與功率半導體、車用與無線半導體等。

　　代工製造方面，目前製造工廠所採用的皆是較為成熟的製程。美商英特爾在愛爾蘭有一座工廠，使用 14 奈米技術；正進行中的計畫是 7 奈米製程，但是否能推進順利，仍是個大問號。另一家公司格羅方德或稱格芯（GlobalFoundries）在德國薩克森邦首府德勒斯登廠使用的是 22 奈米、28 奈米、40 奈米以上製程，該公司於 2021 年進行 14 億美元擴增產能計畫。德國該邦是歐洲半導體生產基地，德國政府希望將薩克森邦打造成歐洲的矽谷。

技術研發是歐洲強項

　　歐洲半導體產業除了在特定利基應用領域的製造占有一席之地，在上游設計和設備方面亦都居於關鍵角色，例如英國企業 ARM 的智財核（IP Core）是許多無廠設計業者所不可或缺；荷蘭艾司摩爾的極紫外光（EUV）微影設備是半導體先進製程的關鍵設備，目前且是全球獨家供應商。

　　而在基礎研究方面更是歐洲的強項，例如比利時的跨校際微電子研究中心（IMEC）領先世界的奈米科技研究、德國的應用科學研究機構 Fraunhofer、荷蘭的應用科學研究組織 TNO、法國的新能源與跨領域應用科技研究中心等，都是國際知名研究重鎮，這些研究機構在傳統上都和大學有著密切的合作關係。

汽車是主要成長領域

　　展望未來，依據 ING 集團 2022 年報告所引用研調機構顧能 2021 年的預測，2020-2025 年歐洲半導體的需求將達複合年成長率（CAGR）7.4％。若以終端市場劃分，汽車將達 15.7％，位居第一次，其次是工業部門 10.2％，伺服器、資料中心和儲存裝置 8.0％、消費性電子 7.8％、智慧手機 6.7％、通信基礎建設 5.9％、個人電腦 2.6％。

　　換言之，歐洲所聚焦的汽車和工業部門將是成長最快速的領域。主因是電動車在生產中所占比重愈來愈高，需要更多電子零組件。此外，汽車發展邁向自動駕駛，中間過渡過程逐漸增多使用先進輔助駕駛系統（ADAS），也需要愈來愈多的晶片，晶片複雜度同時跟著提升，估計汽車所用晶片在 10 奈米以下者其占比將從當前 2％成長至 2030 年的 10％。汽車之外，隨著工業走向智能化，以及機械、通信設備、醫療設備等要有更好的分析與決策能力，晶片需求有增無減，將會帶動歐洲晶片市場和製造的機會。

邁向「數位十年」

　　「數位十年」是歐洲執委會為了支持歐洲達到繁榮的數位未來，於 2030 年前發展數位經濟和推動歐洲企業轉型的前瞻性策略願景。2021 年 3 月歐盟理事會邀請執委會進行了一個完整的《數位羅盤》（Digital Compass）的報告，訂定至 2030 年的數位目標，建立管控系統及勾勒達成目標的

關鍵里程碑和方法。所有的行動環繞四個重心：數位技能、企業數位轉型、安全與永續的數位基礎設施，以及公共服務的數位化。

「數位羅盤」的願景與目標

　　「數位羅盤」本質上是一個架構，監管朝向 2030 年目標與里程碑的進展，同時支持一個健全的治理結構、監管系統，與涵蓋歐盟、成員國及產業、私人部門的投資者及利益有關者的多國專案計畫。

　　由於對科技的倚賴提高，數位能力和技能為融入社會、利用公共數位服務，以及在勞動市場維持競爭力所必要，該願景提出至 2030 年 80％歐洲公民應具有基本數位技能水準的目標。

　　在數位經濟時代，保護歐盟避免受到資訊威脅甚為重要，而鑒於歐洲社會資安技能短缺，除了致力建立基本數位技能，歐盟將推出行動計畫，積極增加合格適任的資通訊科技（ICT）專業人員，及訓練更多數位專家，使人數從 2019 年的 780 萬人，占工作人力的 4％，提升到 2,000 萬人。

　　有關網路聯結（connectivity）、微電子與處理海量數據的能力發展，其目標為建構安全永續的數位基礎建設。網路方面，至 2030 年所有歐洲家戶要覆蓋在十億位元（Gigabit）高速傳輸網路，有人居住地方都要覆蓋在 5G 網路之下。若「聯結」是數位轉型的先決條件，微處理機就是車聯網、電話、物聯網、高速電腦、邊緣運算電腦、人工智能等關鍵策

略性價值鏈的開端。微電子方面的目標，設定至 2030 年，歐洲尖端與永續半導體包括處理機的產能至少達到世界產值的 20％；所謂尖端，指半導體節點在 5 奈米以下，但目標為 2 奈米；而永續係指能源效率要比當前提高 10 倍。

相關法案與後續效應

為了達到《數位羅盤》裡所設定目標──在 2030 年前，先進半導體的產能要達到全球 20％，歐盟展開行動，預計公共和民間投資將投入超過 430 億歐元，並開始制定相關法案積極推動。

歐洲版晶片法案

2022 年 2 月，歐盟公布《歐洲晶片法案》（EU Chips Act）草案，歐洲晶片法案聚焦在 5 個領域：第一是研究發展，例如 3 奈米以下電晶體技術的突破；其次是將實驗室連結到工廠（lab to fab），投資於晶片設計與產品雛型試量產，將研發成果轉換為產業創新；第三是產能擴充，以補貼吸引先進生產設施；第四是支持較小型創新公司，協助其獲得先進技術、產業夥伴與資產融資（equity finance）；最後一項是突破供應鏈瓶頸，建立可信賴的供應鏈。

該法案後續將須經過歐盟成員國和歐洲議會通過，預計還有一大段路要走，因為有些成員國，包括北歐和荷蘭等，並不支持擴大國家補助範圍的法案或計畫。

歐盟之所以要提出晶片法案，以補貼方式擴大當地產能，這是可以理解的。目前歐洲並沒有生產尖端晶片的先進工廠，要投資營運 5 奈米以下的半導體工廠需要許多技術和管理方面的專業知識，這些知識不是一蹴可幾。另方面，目前在歐洲設立先進工廠亦不具吸引力，缺乏客戶訂單帶來大量生產所要的經濟規模，在產業生態體系也不完整，若要鼓勵企業投資，歐洲必須創造新的誘因來平衡其相對較高的成本和其他不利的因素，因此最快的途徑是採取補貼的方式鼓勵英特爾、台積電和三星等外來企業投資設廠。

帶來產業效益

　　即使鼓勵外來企業投資先進半導體廠要付出相當代價，但歐洲可以快速得到相對的利益，最直接的效益是可以降低從亞洲及其他地方進口的倚賴，因此減少地緣政治風險。其次是為了推進歐盟永續進程，必須仰賴先進半導體；而任何新一代的晶片雖然功能更強，但其能源效率卻更高。在邁向經濟電氣（或電力）化、數位化，先進半導體的應用將數量增多、範圍更廣。

　　而在產業方面，大型先進半導體工廠的設立會帶來龐大的外溢效應，例如會提高先進材料和設備的需求，吸引更多無廠設計公司的設立，培育更多更高技術的知識人力，促進歐洲地區的創新活動，因此改善整體產業的生態體系。

掀起投資半導體熱潮

在晶片法案之下，德國、西班牙、義大利、法國等都競相擬定促進投資發展半導體的計畫，例如德國政府提出 100 億歐元計畫吸引外國半導體公司，並致力於尋求向英特爾提供 50 億歐元的公共資金，支持其在德國的半導體新廠投資；義大利政府則計畫對英特爾總投資出資 40％，吸引其前往設立半導體封裝測試廠。而西班牙總理 Pedro Sanchez 於 4 月宣布，將投資 110 億歐元於半導體領域；到了 5 月，經濟部長 Nadia Calvino 表示，政府已通過一項加碼的計畫，至 2027 年將投資 122.5 億歐元在半導體領域，其中 93 億歐元用於半導體廠投資興建，13 億歐元用於晶片設計，另 11 億歐元用於研發補助，資金主要來自歐盟疫情救助基金，計畫目的是要發展該國電子和半導體產業的設計和製造能力，建立從設計到製造的供應鏈。

配合歐盟的積極推動先進案導體產業，搶先表態的是英特爾公司。該公司迅速於 3 月 15 日宣布未來十年將在歐洲投資 800 億歐元，第一階段將先啟動 330 億歐元以上的投資計畫，目標是在歐洲建立一涵蓋研發、製造、封裝的半導體上下游產業鏈，投資地區跨越德國、愛爾蘭、義大利等許多國家，其中約 170 億歐元用於在德國馬格德堡（Magdeburg）興建 2 座 2 奈米尖端晶片廠，預計 2023 年上半動工，2027 年投產，是德國甚至歐洲至目前最大的外人投資案，而德國政府則表示至 2024 年將對英特爾的投資建廠提供 68 億歐元的補助。英特爾的目的當然一方面是瞄準台積電既有的客

戶，另方面則是看中歐盟成員國家的補助。

除了上述先進工廠投資計畫，英特爾另承諾包括：

── 在法國設立新的晶片研發和設計中心，

── 擴大在愛爾蘭現有生產基地，

── 在義大利洽談設立新的封裝廠。

另外，意法半導體也計畫於義大利投資 7.3 億歐元設廠生產碳化矽襯底，產品用於電動車、新能源等，預計 2026年完工生產，2022 年 10 月歐盟核准了對該項投資案 2.952億歐元的補助。

對歐洲先進晶片製造的異見

對於歐洲相關計畫要致力發展先進晶片其實存在一些反對意見，德國智庫新責任基金會（Stiftung Neue Verantwortung，簡稱 SNV）2021 年 4 月 8 日發表報告[註10]，指稱歐洲企圖製造性能最強的電腦晶片可能白白浪費數十億歐元，政策制定者反而應該聚焦在該地區的晶片設計產業，目前歐洲尚缺乏先進製程晶片的設計業者。

智庫專家克萊恩漢斯（Jan-Peter Kleinhans）說：歐洲地區因為缺少顧客而缺乏能夠支撐先進晶片工廠的市場。不像美國和亞洲，歐洲的問題在於欠缺有意義的晶片設計產業，未能使下游的超大型工廠的成本合理化，此意味著歐盟的晶片工廠必須去吸引外國顧客，但這似相當不可能，例如台積電與三星都已計畫到美國投資設廠，另外英特爾也計畫擴充產能進入代工領域，歐洲應聚焦晶片設計產業。反觀歐洲，

最後 2 家上市的無廠設計公司之一 Dialoge 不久前同意以 60 億美元賣給日本瑞薩公司，而蘋果則宣布將投資 1 億歐元在慕尼黑設立新的晶片設計據點，這才是歐盟應投注努力的。

台灣觀點 ————

　　日本和歐洲都是半導體先進國家，目前其共同特點是固守半導體產業不同領域，但都企圖往先進半導體製造邁進。日本固守的是設備、材料，歐洲固守的是下游應用的汽車、工業等半導體製造。此外，兩者皆有歷史悠久的學術、研究機構扮演產業支撐。

　　日本半導產業的發展較早，因此其興衰歷史可作為發展半導體產業的基本教材；萃取出其成敗要素，雖不可完全複製模仿，但可瞭解產業和企業在不同發展模式下的成敗關鍵。

　　大體而言，**日本半導體產業依附在大綜合家電企業發展**，其內部對資金、技術、市場的優勢，完全符合半導體產業所需的關鍵要素；這些大綜合家電企業擁有廣大的海外據點，對半導體全球市場的拓展更是一大助力。

　　日本政府在產業政策的支持是產業成功、也是產業遭受美國反制的關鍵。產業發展初期，日本政府的

保護支持政策尚未構成美國威脅。但俟日本產品入侵美國市場，造成產業危機，日本政府猶未自覺，未能適時採取行動，終於造成美國政府出手；而在美國強迫簽下半導體貿易協定之後，日本政府也未有任何有效因應措施，終於開始了日本半導體製造走上落敗之途。

日本政府另一項成功的產業政策是成立 VLSI 研究所，成功整合五家主要企業和既有研究機構共同推進 VLSI 研究計畫，使得日本半導體技術獲得突破，其合作模式類似美國的 SEMATECH，顯示出政府的產業政策最能發揮功能、創造績效的是在整合研發力量、支持研發創新方面。

《廣場協議》之後，日圓大幅升值，造成日本產業出走、出口競爭力下滑、企業無力支持重大投資計畫，對日本半導體產業無異是雪上加霜，更證明了總體經濟政策是影響產業發展的重要一環，也是許多國家在發展半導體產業專注運用優厚補貼、獎勵之外所忽略的。

不管是日本或歐盟，甚至是美國，現在最熱門的重點在研發、投資設廠，卻鮮少談論設廠之後的競爭力問題。**日本、美國想要找回失去的產業，歐盟要進入新的領域，大家都擠在製程技術 2 奈米以下環節，**

卻都沒去思考如何以具競爭力的環境支持投資企業，
這是各國將來要面對的問題。

註解

註 1　資料取自 1970 年 9 月行政院經建會編譯之日本野村綜合研究所 1970 年 6 月出版之《財經觀測》專題報告〈IC 產業與美日關係〉。

註 2　今日頭條，〈股市分析：半導體產業轉移背後的邏輯！〉，2018 年 12 月 22 日。

註 3　今日頭條，〈全球半導體產業調查之日本篇〉，2018 年 6 月 27 日。

註 4　同註 2。

註 5　同註 3。

註 6　日經中文網，〈支撐半導體製造的日本設備和材料廠商〉，2021 年 3 月 23 日。

註 7　日本經濟產業省，《半導體戰略》〈概述〉，2021 年 6 月。

註 8　日經中文網，〈日美將共同研究新一代半導體量產〉，2022 年 7 月 29 日。

註 9　日經中文網，〈日本金融機構將收購半導體工廠並改造更新〉，2022 年 11 月 1 日。

註 10　BERLIN(REUTERS), "Europe should invest in chip design,not a mega-fab:think tank," April 8, 2021.

第三章

新興國家百家爭鳴

除了日本之外，亞洲國家屬於半導體製造後進者，台灣和南韓雖是大約相同時期開始發展半導體晶片製造，但因政經社會背景不同、發展方式亦異，各走不同的道路而各自擁有不同的一片天，二者共同點都是致力於發展本土的產業。

至於東南亞各國，除了新加坡之外，率多以其豐沛及相對低廉的人力、安定的投資環境與租稅優惠等條件吸引跨國企業設立半導體製造後段的封裝測試為主，新加坡則以其特殊的政經環境發展製造前段的晶圓加工，各國共同點是皆主要仰賴外資前往設廠。

而印度更是最近加入半導體製造的行列，其最根本的優勢是擁有廣大的潛在市場機會，藉著市場保護和優厚的獎勵措施，企圖成為新興的半導體中心。

一、南韓半導體產業的崛起與未來

南韓半導體產業的崛起，有其政經社會特有體制下的因素，其成長初期則又遇上難得一見的國際市場機會，此兩股重要力量結合，形塑了南韓半導體產業長期發展的架構。

在因緣際會下崛起

依據 S.Ran Kim 的研究[註1]，在 1970 年代，南韓政府致力發展經濟。為了打造產業發展的基礎，1973 年政府公

布了《重化工業促進計畫》。但是重化工業屬於高度資本密集，投資回收期長，經營風險也較高。因此政府運用優惠貸款、租稅減免等重大獎勵措施鼓勵大企業投入鋼鐵、石化、造船等產業。此時政府的政策性貸款已達實質負利率水準，大型銀行的政策性貸款曾高達貸款總額的 60%。換言之，政府一方面用資金支持，另方面用貸款利率補貼，讓大企業勇於投資承擔產業發展的使命；企業的責任則是積極拓展出口，甚至低價傾銷在所不惜，目的是要創造出口佳績、帶動經濟成長。

財閥成為產業發展的火車頭

就在政府與企業密切合作、相互補貼之下，造成南韓經濟活動集中在少數財閥（Chaebol）之手，形成該國特有的政經社會結構。大量經濟資源集中在少數財閥手上，固然形成社會貧富差距拉大、中小企業發展受限等問題，但是對產業發展而言，有利財閥快速進入高度資本密集產業，並能支撐事業發展初期業務虧損的艱困階段。

就在南韓積極發展重化工業的時候，全球接續發生1973-1974 年、1979-1980 年兩次石油危機，因此到了 1980年代，一些大企業開始尋找新的事業領域。1983 年，三星集團總裁李秉喆決定進入半導體記憶體 DRAM 加工製造，開啟了南韓超大型積體電路（VLSI）的時代。

南韓和其他亞洲新興發展中國家一樣，半導體產業都是在國際分工體系下，從半導體製程後段勞力密集的封裝作業

切入，最早是美國摩托羅拉（Motorola）和快捷（Fairchild）等公司帶進簡單的半導體封裝，占了南韓 IC 生產的 95% 以上；而後，日本的三洋（Sanyo）、東芝（Toshiba）等公司亦陸續將封裝業務引進南韓。

三星進入半導體製造

1974 年，南韓第一家從事半導體晶圓加工製造的企業「南韓半導體公司」（KSI）成立，主要生產互補式金屬氧化物半導體（CMOS）大型積體電路（LSI）晶片，後因財務發生問題，1978 年被三星購入，更名為三星半導體公司。此時南韓的電子公司所需要的半導體元件主要從日本進口，經常發生供貨不穩定的情形，被懷疑是因日本半導體公司大多是綜合性電機公司，同時生產下游消費性電子、電信等產品，和南韓的電子公司是下游產品競爭者，對半導體零件供貨採取策略性管控。因此，金星公司（Goldstar）於 1979 年成立金星半導體公司，開始晶圓加工製造；直到 1983 年，三星決定進入 DRAM 生產，晶圓加工製造只占南韓半導體生產與出口的 5% 以下。

此時，三星總裁李秉喆認知到半導體晶片在其核心事業的策略性地位與其經濟潛力，同時面對國內消費性電子日增的競爭壓力和前述日本半導體供貨不穩等諸多原因，決定投資記憶體晶片生產。三星選擇的是 DRAM，主要理由是記憶體產品中，DRAM 的市場較大，產品設計結構相對於特殊應用 IC（ASIC，即 Application Specific Integrated

Circuit，又稱客製化 IC）或微處理機等較為簡單，且三星對製程技術的競爭力具有信心。

因此，在策略上三星聚焦 DRAM 這產品區塊，一方面追求半導體生產的學習曲線效應，藉著快速累積產量提升良品率而降低成本，在市場上創造成本競爭優勢。

1984 年，三星完成 64K DRAM 生產線，開始量產、出口美國。另方面，三星持續研發推出新一代產品，滿足市場需求。在 64K DRAM、256K DRAM 這部分，三星從美國美光公司引進技術，16K SRAM（靜態隨機存取記憶體）和 256K ROM（唯讀記憶體）則從日本夏普（SHARP）引進，公司內部組成專案小組進行學習、改良。1985 年，三星終於自行開發出 1M DRAM，證明三星在產品設計技術達到獨立自主。

現代、金星加入

三星集團之外，現代集團（HYUNDAI）負責人鄭周永基於多角化的考量，希望在汽車、造船等重工業之外能擁有具發展潛力的新興事業。1983 年現代集團成立了現代電子公司，著重半導體製造業務。

但是現代電子一開始就選擇了與三星不同的 SRAM 產品線，結果證明了是個重大錯誤決策，喪失了許多發展時機。選擇 SRAM 的主要理由是要避免與日本廠商面對面的直接競爭，尤其日本企業已有多年領先發展的優勢。但是 SRAM 在技術上較 DRAM 來得精密複雜，由於晶片設計方

面出現問題，現代在 1984-1985 年 16K SRAM 量產始終無法達到所要求的良品率，只得在 1985 年轉換到 DRAM，但相較三星已落後許多，此時的現代電子在經營策略上只好採行進口外國晶片設計與替外國公司代工的模式。

南韓第三家主要的半導體公司是金星。1980 年代，金星原本對生產邏輯晶片和微處理機有興趣，希望維持其產品組合的多樣化以分散風險。但公司本身的技術能力不夠，產品品質未能符合美國客戶要求，導致金星在 1989 年轉向進入 DRAM 領域。但是為了在 DRAM 盡快追上三星，金星採用了從國外取得技術授權的策略，而非自行開發產品，主要夥伴是與其關係密切的日本日立公司。

上天賜給南韓的良機

就在南韓導入 DRAM 產業不到三年，美日發生半導體貿易摩擦，魚蚌相爭，給尚未站穩住腳的南韓廠商帶來了千載難逢的發展機會。1986 年，美日兩國簽下《美日半導體貿易協定》，要求日本半導體出口要在價格、數量採取自我設限，以及開放日本半導體市場，保證美國業者在日本市場占有率 5 年內達到 20％。而於隔年，美國又對進口含有半導體的日本電視機、電腦等產品課徵 100％的反傾銷稅。一連串的措施，造成日本半導體價格上漲、產量減少。

就在此時，一方面美國 DRAM 業者在不敵日本企業競爭之下，除了德州儀器和美光兩公司之外，陸續退出市場；另方面個人電腦需求增加，造成 1987 年 256K DRAM 短缺、

價格上揚。南韓業者利用此絕佳機會趁勢擴大生產規模、搶占出口市場，同時順利度過剛起步時財務艱困的階段。接下來 1991 年的 1M DRAM、1993 年的 4M DRAM 市場高峰都將南韓企業順勢帶上了成長之路。依據南韓電子工業協會（EIAK）的報告，1994 年南韓半導體產業占全球 7％，次於美、日、歐洲；在 MOS 記憶體領域則占 24％，次於日、美。而在 DRAM 市場，南韓占有率達 29％，僅次於日本的 47.9％，奠定了南韓半導體產業，特別是 DRAM 產業進一步發展的基礎。

直到 1980 年代，南韓國內的創新體系仍舊相當貧乏，公立研究機構和高等教育系統相當落後，企業之間的聯結相當疏離，欠缺完整的產業發展體系，根本尚不具發展高科技產業的條件。但是，為何面對美、日等先進國家厚實的科技實力，南韓能在技術密集的半導體產業迅速崛起？

南韓崛起因素

1996 年，在英國薩塞克斯擔任研究學者的 S. Ran Kim 指出，除了美日半導體貿易戰騰出的產業和市場空間帶給南韓絕佳的生存發展機會，1970 年代南韓政府所扶植的特殊政經社會體系裡的「財閥」，支撐起發展資本密集產業的任務，也是重要的關鍵。財閥內部的層級結構與網路組織，讓其在重大決策可以發揮時效，有利掌握機會快速進入新興產業與市場；在資金、人力方面，則可以跨部門調度運用自如；已經發展成熟不需再投入重大投資而有多餘資金的事業

部門，可以提供企業進入資本密集領域所需資源，支撐新興部門走過事業起步階段以及經濟不景氣財務艱困的時期。

其次，南韓業者，特別是三星企業，選對了產品DRAM 切入半導體產業。DRAM 產品技術的進步是循著晶片整合能量如 256K、1M、4M 的漸進軌跡前進，新一代DRAM 會帶動市場對產品的持續需求和製程的創新。漸進式的製程創新與邊製造邊學習（Learning by Doing）的效應構成技術創新的重要來源，既有廠商在新製程邊生產邊學習、改進，隨著累積產量增加而不斷提升良品率與生產力，並作為下一代產品製造技術的基礎。此種方式達到的創新效果，結合累積的技術能力成為企業特有的知識，進而產生動態規模經濟，對新進入產業者構成進入障礙。這種創新行為可以在單一企業內部進行，不似 ASIC 必須倚靠中小設計公司或使用者與大型生產者之間緊密的互動，兩者之間產生了不同發展模式。

循此「邊製造邊學習」的模式，約 10 年時間，三星從技術落後美日而拉近差距到超越。於 64K DRAM 三星落後美日技術約 50 個月，此後各代新產品不斷拉近時間差距，至 64M DRAM 已與美日技術同步，到了 1G DRAM 就甩開了美日的糾纏[註2]。

優勢的另一面

南韓特有的以財閥為主體的政經社會體制，讓該國可在早期迅速進入 DRAM 產業，但同時造成了若干產業發展的

問題。最直接的現象，就是半導體產業活動集中在大企業本身，生產廠商與國內中小供應商之間缺乏密切合作的關係，產業生態體系相當貧乏。

其次是半導體產業集中在以 DRAM 為核心的記憶體部門，半導體產業的產品缺乏多樣化組成；尤其 DRAM 市場具有高度景氣循環的特性，產業過度集中單一產品，市場風險高。以 2015-2019 年為例，記憶體晶片占南韓半導體出口的比重就從 53.7％提高到 67.1％^{（註3）}。

另外，生產集中在 DRAM，與國內市場存在嚴重落差，生產者與使用者之間缺乏互動，欠缺藉著與市場互動而學習、創新的來源，對新興應用也難以有技術綜效的作用。以 1993 年為例，南韓半導體產業的銷售額記憶體占84.7％，但是國內需求中記憶體只占 19.4％，其他類比、邏輯、微處理機晶片等產品反而都是需求大宗，顯示產業與國內需求嚴重脫節。

第三是政府怠惰，把產業發展的任務交給大企業，產業發展欠缺整體規劃，國家創新體系相當薄弱，因此三星和現代等企業均必須到國外設立技術據點和在企業內部設立研究所，在國內找不到所需的工程師，此與台灣半導體產業發展的模式相當不同。

三星的「願景 2030」

三星電子是南韓的半導體龍頭，以 2021 年來說，全球DRAM 市占率約為四成，NAND 快閃記憶體的全球市場占

有率亦在三成左右。換言之,三星的產品線集中在半導體記憶體。

　　為了擴展其半導體版圖,2019 年 4 月,三星電子宣布「2030 非記憶體運營策略」或稱「願景 2030」(Vision 2030),表示在 2030 年前要在非記憶體半導體領域投資 113 兆韓元(約 1,105 億美元),用於開發 3 奈米製程及投資於晶片代工、系統整合晶片、AI 導入應用處理器(AP)晶片、加速向車用市場推進等業務,希望在 2030 年前可以成為系統半導體的龍頭。由於三星積極將開拓代工領域成為其新興主要業務,並在先進製程全力突破,預期未來將對台積電的代工業務造成競爭壓力。

日韓半導體貿易摩擦

　　2018 年 10 月,南韓法院就第二次世界大戰期間日本企業強徵南韓勞工的訴訟案,作出日本製鐵必須賠償的判決,此舉引發日本政府高度不滿。

　　2019 年 7 月,日本就南韓重要產業半導體和 OLED 面板製程所用三項關鍵材料:聚醯亞胺、氟化氫和光刻膠(感光材料)等對韓出口採行加強管制,在新管制措施下,日本廠商每次對南韓出貨都要歷經一次約 90 天的政府審查。

被鎖喉之後,方知罩門所在

　　為了對抗日本的出口管制措施,南韓政府立即於同年 8

月宣布，要對 100 項核心產品推進國產化，降低原材料和設備對國外倚賴，並在 3 年內投入約 5.7 兆韓元（約 1,400 億台幣）。日本則在同時間宣布，將南韓從出口優惠待遇的白名單剔除。在慣例上，日本會將國安友好國家列入所謂的白名單，除了一些特別限制的產品，企業可以自由出口。脫離白名單後，經產省隨時可以國安理由對指定產品進行 2-3 個月的出口審查，實施實質出口管控。如此一來，南韓業者立即遭遇供應斷鏈的風險，以及為了實施預防性擴大庫存而增加生產成本。

到了 10 月，南韓就日本出口管理措施向 WTO 提出控訴。2020 年 7 月，南韓又將國產化名單增加為 338 項。和台灣一樣，日本是南韓最大的貿易逆差來源，2020 年對日逆差 209 億美元，關鍵原材料和零組件都倚賴日本。為了因應日本的出口管制措施，南韓積極採取三個途徑：（1）從其他國家或日本供應商在其他國家的生產基地進口；（2）推動日本供應商到南韓投資設廠；（3）鼓勵南韓業者自行研發生產取代進口。

減少對日倚賴

由於南韓以財閥作為發展半導體主力的特殊模式，三星在以前對供應商的扶植和投資很少。日本實施出口管制措施之後，三星就積極投資一些較小的中型企業，致力在國內建構一個由供應商與原料廠組成的供應鏈，設法在日韓貿易衝突及美中對抗之際降低來自仰賴海外的風險。三星的投資熱

潮從 2020 年 7 月投資半導體化學原料廠 Soulbrain 249 億韓元開始，該公司供應晶片生產所需的氫氟酸；11 月對晶圓拋光系統開發商 KCTech 投資 207 億韓元，2021 年 3 月投資光罩保護材料供應商 Fine Semitech 430 億韓元，8 月對蝕刻材料公司 DNF 投資 210 億韓元。從三星的財報中可以看到，三星及其轉投資公司自 2020 年 7 月迄 2021 年 8 月，合計投資 9 家公司 2,762 億韓元（2.38 億美元）。另外，三星電子的南韓設備製造商開始開發生產塗膠顯影設備和蝕刻設備等。由於南韓政府提供補貼等獎勵，SK、LG 的集團企業也在材料領域大力進行研發。

南韓業者自己努力之外，由於南韓同時擁有半導體和顯示器原材料和設備的龐大市場，日本供應商在被要求前往設廠或在當地擴大生產規模的壓力下，東京應化和大金工業等立刻著手擴充生產基地，日本住友化學也稍後於 2021 年 8 月宣布將投入百億以上日圓在南韓設立尖端半導體生產所用感光材料光刻膠，日本產業反而遭遇空洞化和就業機會減少的可能。

2021 年 7 月，南韓政府舉行原材料零組件和設備產業成果報告會，文在寅在會中指出：南韓對抗日本偷襲般的不當出口管制、走上自立的道路即將滿兩年，業已克服危機和在擺脫對日本倚賴取得成效。長達 8 分鐘的演講，文在寅宣稱「核心 100 項產品」對日依存度從 31.4％降至 24.9％，其中氟化氫對日依存明顯降低，從 42％降為 13％，主要是日資企業 Stella Chemifa 和森田化學工業的對韓出口減少，

大部分被三星投資的 SoulBrain、SK Materials 等南韓企業代替。但是整體而言，短期之內南韓半導體製造要擺脫對日本的倚賴有其極高度的困難。

《K- 晶片戰略》

　　面對美中對抗、新冠疫情發生半導體晶片短缺、各先進國家積極強化半導體製造能量，為了確保南韓半導體技術與製造基礎設施，以及建立新的產業鏈，南韓政府一反過去消極被動的作為，2021 年 5 月，前南韓總統文在寅利用前往平澤工業區三星廠區的機會，發表名為《K- 晶片戰略》的半導體晶片產業綜合扶持方案。

　　之所以取名《K- 晶片戰略》主要是因板橋、華城、平澤、龍仁等幾個主要半導體工業園區構成「K」字形分布，南韓政府將其命名「K- 晶片產業帶」。依據該戰略規劃報告(註4)，其發展願景是要於 2030 年建立全球最佳半導體供應鏈。推動策略包括：（一）創建 K- 半導體帶區，（二）強化對半導體設施的支援，（三）增強半導體成長基礎，（四）提升半導體危機因應能力等四大方向。而其目標則包括：（1）2020 年出口 992 億美元，至 2030 年增至 2000 億美元；（2）2019 年產值 149 兆韓元，至 2030 年成長為 320 兆韓元；（3）2019 年雇用 18.2 萬人，至 2030 年 27 萬人；（4）2020 年投資 39.7 兆韓元，至 2030 年累計投資 510 兆韓元。

四大策略

《K- 晶片戰略》的四大策略大致如下：

策略一：創建 K- 半導體帶區。主要循著兩個主軸：一是繼續推進記憶體和代工兩個產品領域，另一是以聚落、專區和平台方式健全供應鏈，包括材料、零件與設備專區、高科技設備聯合基地、高科技封裝平台、無廠半導體公司園區等。

策略二：強化對半導體設施的支持方面。著重在以賦稅優惠、財政支援、法規調整、健全水電等基礎設施改善產業發展環境。賦稅優惠分對 R/D 支出、設施投資兩類，依據企業規模與技術類別（如一般技術、新增長與原創技術、關鍵戰略技術）給予不同比率的優惠。

財政支援則以中長期優惠貸款方式支持產業鏈相關材料、設備、設計、製造、封裝企業投資為主，貸款寬限期 5 年、分期付款 15 年、利息優惠減少 1.0％。

法規調整的目的在使政府法規能夠配合半導體產業營運的特性和投資需求，包括對新增建半導體生產設備的許可、建築、安全檢查等縮短審核時間，對半導體設施運轉時相關如溫室氣體等管制規定合理化等。

健全基礎設施之目的在優先支援半導體製造不可或缺的供水、電力供應和汙水處理，使投資營運順利進行。例如為了穩定平澤和龍仁兩地半導體聚落的供水，其水利建設計畫考慮到 2040 年需要的水量和用水來源。

策略三：增強半導體成長基礎。主要是從人才、市場與

研發等三大主軸建構長期發展的基礎。培養人才包括擴大半導體人才培訓能量、運用多元計畫強化產學合作培養產業所需人才、推進「南韓半導體綜合培訓中心」提供半導體設計教育和製造學習等功能。

市場方面是要結合半導體製造所創造的市場機會與周邊材料零組件設備等後勤產業合作，共同建立生態體系，形成堅強的產業供應鏈。

研發方面則是要促進：（1）新一代電力半導體如：碳化矽、氮化鎵、氧化鎵等，（2）AI、5G、自駕等為處理大容量高速數據運算新的半導體架構，（3）高科技融合感知器，（4）半導體及製造所需相關材料、零件、設備等的研究開發。

策略四：增強半導體危機因應能力。主要目的是要維護國內健全的生態體系，措施之一是針對半導體產業發展在人才培養、水電等基礎設施、加速投資與研發、相關管理法規等需要，訂定《半導體特別法》；其二是中長期車載用核心半導體供應鏈本土化，完善自主生態體系；之三是加強管理制度，防止半導體核心技術外流；第四是協助半導體產業因應碳中和，支援 R/D 及建立認證系統等。

綜觀整體，《K- 晶片戰略》計畫是一套完整的產業發展策略規劃，重點在建構生產晶片的供應鏈基礎設施，打造可以穩定生產晶片的「晶片大國」。不同以往的是除了賦稅優惠、金融支持之外，還包括擴充水電等基礎設施、擴大人才培育等配套；尤其政府在聽取業界建議後，也計畫提前為龍

仁、平澤等核心晶片廠區儲備可供 10 年使用的水資源。

　　基於南韓政府對半導體產業的大力支持與民間企業的擴大投資，EUV 設備供應商艾司摩爾（ASML）已經決定在京畿道華城投資 2,400 億韓元建造人才培訓中心，設備供應商科林研發（Lam Research）則計畫把生產設施擴大到現在的兩倍。

二、新加坡是半導體跨國企業重鎮

　　在東南亞諸國中，新加坡以其自由貿易的環境、對外人投資具吸引力的賦稅制度、穩定的政經體系、完善的基礎設施，以及高效率的政府行政效率等，成為半導體製造的重鎮，也是跨國企業的區域總部。以 2021 年來說，新加坡和馬來西亞都是台灣自東南亞進口的主要國家，各占台灣 IC 進口的 6％；但新加坡則是台灣出口的主要國家，占台灣 IC 出口 12％，僅次於大陸和香港。

　　目前格羅方德、聯華電子等在新加坡都設置有晶圓代工廠。聯華電子的 12i 廠製程 0.13 微米至 40 奈米，月產能約 5 萬片 12 吋晶圓，營運已超過 20 年。除了製造，該廠也是聯電特殊製程研發中心。美光則設有三座記憶體工廠和一座組裝封測廠。另外，委外組裝封測廠有日月光和長電科技等重要企業。

看好新加坡的發展環境，跨國企業紛紛表示要加碼投資。2022 年 7 月，法國晶圓製造商 Soitec 宣布將投資 4 億歐元擴充其在新加坡的工廠，提升其產能達到 200 萬片 12 吋晶圓，占其全球產能的三分之二。

代工廠方面，格羅方德增資 40 億美元擴充產能的新廠於 2022 年 6 月開始進駐，預計 2026 年可將產能提升到年產 150 萬片 12 吋晶圓。至於聯華電子，則於 2022 年 2 月宣布，將增資 50 億美元擴充其在新加坡既有 12 吋廠，所採製程為 28/22 奈米，提供汽車電子、物聯網和 5G 等需求，至 2024 年月產能可達 3 萬片晶圓。

除了半導體製造，新加坡也吸引了一些供應鏈有關的企業前往投資或設廠或設技術服務中心，例如美國主要設備業者應材公司多年前就選擇新加坡作為區域總部，主要是看中當地的租稅優惠。

三、馬來西亞是製造後段的基地

馬來西亞因為有豐沛低廉的人力及政府政策支持，促進電子組裝廠蓬勃成長，順勢發展成為半導體製造後段的封測重鎮，英飛凌、恩智浦和意法半導體等 50 多家半導體跨國企業均在馬國設有測試封裝廠，據傳英飛凌在馬國的封測就占了公司總業務的三分之一。

依據相關單位估計，馬國的封測占全球約 13％，和台灣在半導體製造前、後段製程呈現相當程度分工的關係。另依據馬國官方的統計，2019 年馬國半導體出口占了全球的 5％，其中測試封裝占了主要部分。由於馬國在半導體測試封裝扮演了重要角色，2021 年 8 月新冠疫情感染情況嚴重之際，曾造成供應鏈危機，衝擊汽車電子業。

　　台灣最大的封測廠日月光自 1991 年在馬國投資設廠，迄今已有數十年的歷史；2022 年 11 月進一步就其在馬國的四廠、五廠兩新廠舉行動土典禮，預計 2025 年完工，同時宣布 5 年內將投資 3 億美元。

　　製造方面，英飛凌於 2022 年 7 月 15 日為在馬國最先進晶圓加工廠舉行奠基儀式，提升其碳化矽和氮化鎵功率半導體製造產能，預計 2024 年完工，投資 80 億以上馬幣。

　　設備方面，美商科林研發是第一家在馬國設置半導體製造設備的廠商，投資約 10 億馬幣，宣稱是該公司最大的一家工廠，將來的產能會占公司的三分之一以上。

四、印度「想」成為半導體中心

　　除了中國大陸之外，開發中國家想擠進半導體製造國家之林、且想更進一步成為全球半導體中心（semiconductor hub）的，就是印度。

產業結構轉型挑戰

印度長久以來就是以服務業帶動經濟成長，其資訊科技委外代工服務如客服中心、軟體設計外包等，都是國際知名產業。從亞洲開發銀行的《2022 亞太關鍵指標》（Key Indicators for Asia and the Pacific 2022）可以看到，2000 年印度服務業部門占經濟總量的 46.8％，工業僅占 29.9％；到了 2021 年，服務部門提升到 52.7％，工業部門卻降至 28.7％，而農業部門仍達 18.6％。

雖然印度政府近一、二十年來致力於製造業的發展，但始終無法在產業發展環境從事大幅度改革，其經商環境未能重大改善，存在政府管制過度、稅賦制度繁重、中央與地方政府政策欠缺協調整合等問題；為了發展製造業，諸如吸引外商投資所推動的特別經濟區（SEZ）、勞動法規修正等，皆遲遲難以獲得實際成效。

根據世界銀行《世界發展指標》（World Development Indicators）的統計，2000 年製造業占印度經濟總量 15.9％，到了 2021 年反降至 14.0％。而在重要科技領域，印度仍有龐大貿易逆差，2019 年其主要電子相關設備、零組件貿易逆差達 634 億美元，包括電腦、手機、半導體等，均仰賴進口。

印度大願景

到了莫迪總理執政，下定決心推進印度在科技產業的

發展，尤其是電子系統暨設計與製造（ESDM）的領域，在其揭櫫的「印度製造」（Make in India）、「自力更生」（Atmanirbhar Bharat）大願景之下，推出「生產連結獎勵計畫」（Production Linked Incentive Scheme，簡稱 PLI 計畫），政府首度以優厚補貼特定重大投資計畫，其中半導體與顯示器相關補助預計達 7,600 億盧比，相當 100 億美元的規模，引發國際間跨國企業的重視。

另方面，外在環境也提供印度發展半導體產業的良機。近幾年來美中對立愈來愈嚴重，2021 年美國拜登政府簽署行政命令，要求在策略產業領域與中國大陸脫鉤，建構沒有中國大陸參與的供應鏈，產業發展從自由貿易走向強調國家安全的技術國家主義（techno-nationalism）。一些科技龍頭企業如蘋果、三星等，逐步將供應鏈從大陸轉向印度，帶來印度進一步深化供應鏈發展半導體與電子零組件的雄心。

2022 年 8 月，印度電子暨半導體協會（IESA）與 Counterpoint Research 共同公布了《2019-2026 印度半導體市場報告》（India Semiconductor Market Report, 2019-2026），依據該報告，印度電子終端裝備市場 2021 年 1,190 億美元，市場分布為行動與穿戴裝置占 51%、資訊科技 20%、工業 9%、消費電子 7%、電信 5%、汽車 5%、航太與國防 3%；換言之，前三項領域就占了 80%。預期 2021-2026 年的複合年成長率（CAGR）將達 19%，至 2026 年可達 3,000 億美元，ESDM 將成為帶動印度總體成長的主要動力。[註5]

目前印度生產電子終端裝備所需半導體元件主要仰賴進

口，依據印度官方的說法，印度 2020 年半導體市場為 150 億美元，預估至 2026 年將達 630 億美元以上，長期趨勢將成為僅次於中國大陸的半導體市場。運用此龐大市場機會和政府所提供的優厚補助，印度政府期待成為全球半導體中心。

PLI 計畫

　　過去印度政府至少有兩次企圖推動製造業發展，但各產業部門發展結果不一，未能建立完整產業鏈，例如印度有成功的學名藥製造業，但是藥的活性成分（API）主要來自中國大陸；另外，印度也有自己的汽車與零組件產業，但車用電子主要仰賴進口。此次印度中央政府承諾提供大量補助，大力推動改革，為製造業的發展帶來大好希望。

　　PLI 計畫是印度中央政府最主要的產業政策工具，用以促進策略部門的投資。該計畫於 2020 年推出時，規劃對 13 大類重點產業的製造業提供補助，包括汽車零組件、汽車、航空、化學品、電子系統、食品加工、醫用設備、金屬與礦物、醫藥、再生能源、電信、紡織服飾與白色家電等，各大類之下有其特定產品項目，各產品類別的補助條件不一，申請收件時間亦不同。例如在電信方面，印度政府將在 5 年內提供製造商生產成本 4% 至 6% 的補貼，因此吸引了三星、鴻海、和碩、緯創等企業前往投資生產智慧手機，並提出申請獎勵。

　　至於 PLI 計畫最大的補助，就是包括顯示器面板的半導

體項目，中央政府在 2021 年 12 月公布對於半導體的補助辦法，晶圓製造設廠的補助級距依製程節點而有不同：45-65 奈米廠補助資本支出的 30％、28-45 奈米補助 40％、28 奈米以下補助 50％，封裝製造部分則最高補助 30％，無廠設計業的補助是淨銷售額的 4％至 6％。每一類別投資案的補助各有其上限，例如晶圓製造單一投資案最高補助不超過 1,500 億盧比。

至 2022 年 2 月 15 日第一回合的申請，政府收到 5 份半導體製造與面板投資計畫申請書，總投資約 205 億美元，包括 3 項半導體、2 項面板。半導體晶圓製造計畫有富士康與印度 Vedanta 的合資案、新加坡的 IGSS Ventures Pte、以色列的 ISMC 公司等，設立 28-65 奈米半導體工廠，產能約每月 12 萬片晶圓，合計投資 136 億美元，尋求中央政府約 56 億美元的財務支持。

顯示器面板方面則有 Vedanta 與 Elest 提出投資申請，總投資金額約 27 億美元，分別為第 8.6 代 TFT LCD 面板與第 6 代先進 AMOLED 面板工廠。

另有 4 家公司提出半導體封裝投資計畫申請，包括：SPEL Semiconductor Ltd（印度）、HCL（印度）、Syrma Technology（美國）、Valenkani Electronics（印度）；Ruttonsha International Rectifier（印度）則申請投資化合物半導體。

印度還有一家 Sahasra Semiconductor，該公司是本土第一家且完全私營的半導體企業，成立於 2020 年 7 月 15 日，

主要從事 NAND 快閃 IC 封裝測試業務，預計至 2023 年 7 月可進行商業化生產。

但在 PLI 計畫下，對半導體與顯示面板製造的補助於 2022 年 9 月修正為一律補助建廠資本支出的 50％，其理由是為了健全產業生態體系，不願發生諸如因補助不同而只有半導體前段製造卻無後段封測的情形，造成產業發展的缺口。

地方政府積極配合補助獎勵爭取設廠

由於半導體製造是政府所推動的重中之重的產業，因此積極爭取投資的各邦政府都會在中央所提供的補貼之外加碼獎勵，例如對資本支出提供額外 10-15％的補助，使投資成本降至 35-40％。

而如古加拉特（Gujarat）邦政府為了展現招商力度，2022 年 7 月宣布「2022-2027 古邦半導體政策」，大力吸引晶片製造廠商投資，是印度第一個推出針對支持半導體與面板製造部門政策的地方政府。除了配合中央對投資案資本支出的支持之外，邦政府將給予附加的各種支持，包括：邦政府將在 Dholera 特別投資區域（Dholera SIR）設立 Dholera 半導體市，符合條件的投資計畫在初始購得的 200 英畝土地可獲得 75％補貼，後續擴充或上下游配套投資計畫所需土地則可獲得 50％補貼；此外，符合資格的計畫可獲得合格用水供應，水費最初 5 年每立方米 12 盧比，接下來 5 年每年增加 10％，其他尚有各種稅費減免與申請手續單一窗口

服務的機制等。藉著優厚的優惠條件,古邦已先拔得頭籌,以色列 ISMC 公司宣布將在 Dholera 設立 30 億美元生產 65 奈米類比半導體工廠。

除了對重大投資案提供優厚的補貼,印度也致力於改善其經商環境,例如勞動法規的修正、公司稅的調降、SEZ 的設置和營運環境的改善,包括經濟區內製造廠商保稅倉庫的設置和出口產品免零組件等進口關稅等措施。因此在世界銀行年度經商環境的評比,2017 年印度排名第 100,2020 年躍進為第 63 名。

在發展製造業方面,過往印度中央和地方政府政策不一致、官僚體系缺乏效率,以及基礎建設落後等,始終讓潛在投資者望之卻步。特別是在各種基礎建設方面,半導體晶圓的製造需要多種氣體和特用化學材料,例如氖氣與氬氣的運輸需要跨越數邦;高純度用水需要不間斷的供應,每月產能 4 萬片晶圓廠每天估需 1 萬噸的用水;工廠需要高品質的電力供應,維持製程穩定的運轉;生產所需化學材料、氣體、金屬與礦物 60％倚賴國外,因此設廠地點要靠近港口、機場與內陸國道高速公路。凡此,在在考驗著印度發展半導體產業的競爭力與成敗。

有了優厚的補貼,跨國企業就會趨之若鶩嗎?

在 PLI 計畫之下,新能源車輛是被獎勵的重要項目,世界知名電動車廠特斯拉因此是印度政府積極吸引的對象。印

度運輸部長 Nitin Gadkari 曾經表示，印度可以提供比中國大陸更好的獎勵條件，特斯拉在此設廠製造電動車成本絕對更低，但前提是特斯拉須把供應鏈一同在地化，類似中國大陸上海工廠製造的特斯拉大量採用本土製造的零件。

　　但是特斯拉執行長馬斯克曾表示：特斯拉要在印度設廠的前提是先降低進口關稅，讓特斯拉能先在當地進口車市場站穩住腳後，再決定是否設廠。印度因充電基礎設施不足、購入成本高昂，讓消費者對電動車興趣缺缺；2020 年印度銷售 240 萬輛車當中，電動車僅占 5,000 輛。

雞與蛋的問題

　　2021 年 7 月，馬斯克發了一條推文，批評印度的進口關稅是目前為止世界大國中最高。印度對電動汽車的進口稅為：價格 4 萬美元或以下者徵收 60％關稅，對價格在 4 萬美元以上的電動汽車則徵收 100％關稅。除了進口關稅高，特斯拉在印度將遭遇的另一個挑戰是，印度的電動汽車占整體汽車市場仍低於 1％。印度公路上仍然以瑪魯蒂鈴木、現代汽車和塔塔汽車等車商生產的廉價汽油和柴油汽車為主。第三個挑戰是，莫迪態度強硬，堅持特斯拉需在印度本土製造電動汽車。

　　印度政府駁斥馬斯克在推文的說法，同年 10 月，印度內閣部長表示，要求特斯拉不要在印度銷售中國大陸製造的電動汽車，呼籲特斯拉應在印度當地建廠，以生產銷售、出口汽車。

由上可知，印度政府的產業發展思維仍停留在保護其國內市場，並以之作為產業發展的起點，另搭配優厚的獎勵措施促進投資，以彌補其發展條件不足的部分，如智慧手機等；有了下游廣大的市場支撐，再往上發展零組件如半導體、顯示器面板等產業。

　　但此種發展模式遇到新能源車輛這類尚缺乏內需市場的產業，即使有再高的補貼獎勵，仍舊難以產生效用，產業發展就遇上了障礙，需要有更具創意的發展模式，產業政策和措施也要有更細膩的設計。

台灣觀點 ————

　　半導體產業發展後進者中，南韓承接日本 DRAM 記憶體製造的棒子，除了時機，也因為南韓以其財閥作為產業發展的主體，適時抓住難得的機會。

　　但是南韓和日本不同，日本企業傳統上注重供應鏈體系，在發展的過程會順勢帶動相關配套企業的發展，建構特有的「中心－衛星」體系，緊密結合為生命共同體，例如各大汽車體系，彼此涇渭分明、不相往來。但是**南韓企業在傳統上並未著重專屬配套企業的發展**，因此在以財閥為主體的發展模式下，雖然發展出強大以三星為代表的記憶體產業，**卻未建立健全**

的生態體系，欠缺設計、設備、材料、封測等配套企業，因此在日韓貿易戰開打時，由於製程材料多半倚賴日本而吃盡苦頭。

發展條件決定產業發展的層次和模式，這也在東南亞各國身上得到印證。東南亞多數國家因其發展條件相對不足，僅能倚靠相對低廉豐沛的人力及獎勵措施吸引跨國企業前往設立組裝封測廠，只有新加坡能以其較高層次的發展環境，吸引若干半導體前段晶圓製造的跨國企業。但是整體而言，東南亞各國並未致力打造產業發展的能量，發展模式以外資為主。

至於印度，擁有龐大的消費潛在市場，依據產業發展的軌跡，應是第一步吸引下游終端企業投資帶動組裝產業，第二步才是利用下游終端市場機會促進上游產業發展。但是印度政府似乎迫不及待的要兩者同時到位，從特斯拉企業的案例就可看出個端倪。這樣的發展模式應會拖慢其上游產業的發展，即使有成功的可能，這樣的上游產業也是在補貼獎勵及政策保護下的產物，缺乏國際競爭力。再者，在半導體產業發展初期，過度操作補貼獎勵與保護措施違反國際貿易規定，或許其他國家會予以包容，但成長到了某一階段，可能就如昔日的日本受到美國的制裁，會遭遇其他國家的反彈。

註解

註 1　S.Ran Kim, "The Korean system of innovation and the semiconductor industry:a governance perspective" ,Science Policy Research Unit/Sussex European Institute, December 1996. https://www.oecd.org/korea/2098646.pdf.

註 2　東方證券研究所，〈電子深度報告：他山之石，南韓半導體崛起的啟示〉，2018 年 4 月 25 日。http://pdf.dfcfw.com/pdf/H3_AP201804251129925926_1.pdf。

註 3　Shin Jongwon, "The Status of Korean Fabless Firms and Their Cooperation with Set Makers," *KIET Industrial Economic Review*, May+June 2022/Vol.27 No.3. https://papers.ssrn.com/sol3/papers.cfm?abstract_id=4190749.

註 4　可參考 2021 年 5 月 13 日由南韓所公布的由相關部門合編之《K– 半導體策略》。

註 5　可參考 https://www.counterpointresearch.com/indian-semiconductor-components-market-300bn-2021-2026/。

第四章

中國大陸半導體產業發展急功心切

相對於全球半導體產業的發展，大陸的起步較晚，發展也較落後。

如果以晶圓的直徑（吋）和電路線寬（微米）二者粗略代表產業的水準，在 2000 年，大陸約有 27 座晶圓廠，但以老舊的 3 吋至 4 吋晶圓廠為主，約占 70％；製程水準集中在高於 3 微米的成熟技術，占約 60％。相較之下，台灣有 38 座晶圓廠，以先進 8 吋晶圓廠為核心，占約 58％；製程方面，更是以 0.24 微米以下的先進技術為主流。

2000 年中央領頭優厚獎勵，掀起晶片熱潮

為了加速 IC 產業及軟體產業發展，大陸國務院在 2000 年 6 月 24 日頒布《鼓勵軟件產業和集成電路產業發展的若干政策》[註1]，提供融資、租稅、出口、收入分配、產業技術、人才吸引與培養、政府採購、知識產權保護等多項優惠措施，目標在 2010 年之前趕上或是接近國際水準。

其中在租稅方面，一般貨品銷售的增值稅率是 17％，但 2010 年之前若是本土製造的 IC，其稅率減為 6％；而若是 IC 設計業銷售自行開發生產的產品，增值稅率則進一步降到 3％。

由於大陸當局對發展 IC 產業提供太過優厚的獎勵措施，引發美國布希政府於 2004 年 3 月 18 日向世貿組織提出控訴，認為此項不公平待遇不符合「國民待遇原則」。美國政府這項行動，反映出美國半導體大廠對大陸市場的重視，

因此施壓其行政當局，要求中國大陸取消歧視性待遇，避免不公平競爭。這項行動應可算是美國對大陸半導體產業所採行的最早的貿易反制措施。

在中央明確的政策指引下，大陸各地方政府加碼提供各式各樣的優惠和配套措施，積極招商引資。2002-2004年間，大陸晶圓製造產業起了重大變化，晶圓尺寸從8吋推進到12吋的發展階段，製程技術達到0.13微米的水準，整個中國大陸掀起晶片熱潮。

至2004年底，光是長三角（以上海為核心的長江三角洲經濟圈之簡稱）就有17家晶圓代工業者，營運中的生產線有20條，興建中的14條，規劃中的4條；合計38條生產線中，最先進的12吋晶圓廠有3座、8吋16座、6吋14座、5吋3座、4吋2座。在製程技術上，長三角已以0.25微米為主，並向0.13微米以下逐步推進。此時大陸最大的晶圓代工業者中芯國際在上海已有3座8吋晶圓廠，製程技術以0.13微米為主；另外，在北京也投資興建3座12吋廠，第一座在2004年成功投產，製程技術在0.11-0.15微米的水準。

快速發展的四大機遇

此後幾年，大陸半導體產業規模快速擴大，製程技術提升，其發展得力於幾個重要因素，首先是**遇見發展的好時機**。2001年，因網路科技泡沫破滅，國際市場不景氣，台灣晶圓廠裁員、併購，資深人員恰好被大陸晶圓廠吸收利用。此外，晶圓廠投資規模隨著製程技術推進而大幅增加，

一些整合元件大廠將建廠腳步放緩，採用技術移轉給晶圓代工業者換取其產能的策略，使中芯國際、宏力等半導體公司獲得成長機會。而在不景氣時機購入設備、建廠，投資成本也取得良好條件。

其次，**大陸晶圓廠當時能夠突破困難，取得先進製程設備，並和國際大廠合作**引進技術，人才則有台灣資深人員與海歸派科技人員、當地豐沛工程人力和研究機構的支援。

第三個主要原因是**大陸當局提供各種獎勵和支持**，包括附加價值稅隨徵隨退 11-14％、所得稅五免五減半、銀行低利率貸款，以及地方政府利息貼補、參與投資、提供土地長期免地租等優惠，甚至給予市場保護。以中芯國際為例，該公司 2005 年向美國進出口銀行申請 7 億 6 千 9 百萬美元貸款擔保被拒後，就獲得與中國銀行簽訂為期 5 年、金額 6 億美元的貸款契約，用以擴充北京 12 吋廠產能。

第四個原因是**大陸成為全球最大 IC 消費市場**。2000 年後，大陸出口高速成長，個人電腦、筆電、手機、電信等資通信產品出口帶動 IC 及電子零組件大量需求。依據當時 IC Insights 的研析，2005 年中國大陸已超越美國、日本，成為全球最大 IC 市場，市占率約 20％。

透視大陸主要半導體產業聚落

在大陸當局高度重視下，中央與地方皆積極投入半導體產業的發展。依據資策會產業情報研究所（MIC）的研析，

大陸大略形成四大半導體產業聚落，分布在京津環渤海地區（北京、天津、大連等環繞渤海的城市）、長三角、珠三角（以深圳為中心的珠江三角洲經濟區之簡稱）與中西部（以武漢、西安、成都、重慶為核心）等地，四大產業聚落已聚集大陸超過 90％的半導體企業。

其中，長三角地區是最重要的半導體聚落，其產值居四大聚落中最高，占整體產值比重達 38％，也是 IC 設計、製造與封測等上下游產業中，業者最多的區域。在長三角地區，設有眾多的半導體園區，包括上海張江、蘇州工業園等，吸引如台積電、高通、艾克爾（Amkor）、聯發科等國際企業進駐。同時，當地地方政府投入的產業發展基金規模也最為龐大。

半導體設計產業：以北京、上海與深圳為重要據點

半導體設計產業具有知識密集、人才密集、輕資本、低耗能等特性，對資本投入、土地與能源的需求，都遠低於晶圓製造，進入門檻相對較低，因此設計產業成為大陸中央與地方積極投入的重點項目。依據 2023 年 2 月 6 日日經中文網的報導，2014 年至 2022 年 5 月大陸半導體初創企業的件數中，無廠設計就占了 64.2％。

大陸中央選定的半導體設計基地包括北京、西安、無錫、上海、杭州、深圳、成都等地，後續又新增濟南與廣州。目前全球前二十大 IC 設計業者在京津環渤海、長三角與珠三角等地區分別選擇設立據點，如高通在北京、上海、

深圳、西安等地，聯發科在北京、上海、深圳等地點，輝達選擇在上海與深圳等地，分別都設置據點。大陸本地龍頭業者海思在北京、上海設立據點，展訊則在北京、上海、深圳等地。

綜觀大陸主要國內外半導體設計龍頭業者的研發據點設置，主要集中在北京、上海與深圳等地，因此該三地區已成為中國大陸重要半導體研發聚落。

半導體製造產業在四大聚落的發展

製造為半導體產業發展的基礎，但具知識密集、人才密集、資本密集與高耗能等特性，對資本投入、土地、能源與用水需求皆最高，進入門檻最講究，因此也是大陸政府最早投入發展的重點產業。

IC 製造產業又可區分為晶圓代工、記憶體製造與整合元件製造三者。全球晶圓代工的代表業者包括台積電、聯電與格羅方德等廠商，大陸業者則以中芯半導體為首要。全球記憶體製造業者有三星、美光、海力士、東芝等業者，本地則有紫光集團投入相關領域。整合元件製造業者以英特爾、德州儀器等國際大廠最具代表性。

綜觀本地 IC 製造的產業聚落，重點落於長三角地區，台積電已先後於上海松江、南京設立產線，聯電則已在蘇州工業園設立和艦。其他重點業者如格羅方德、海力士等國際大廠，以及中芯、華力、華潤、士蘭集成、紫光、力晶（晶合集成）、常鑫等業者，皆於長三角地區設置晶圓製造生產

線。

　　長三角地區可謂大陸半導體主要的生產聚落，根據統計，長三角的生產線占大陸整體晶圓製造產線數量的六成以上，主要新增的產能亦以長三角地區為主，包括紫光集團宣布在南京市設廠、台積電的 12 吋廠亦設立於南京，晶合集成、常鑫則於合肥設立 12 吋廠，主要從事晶圓代工與記憶體製造業務。

　　其次則為京津環渤海地區，分別有中芯與英特爾於當地設廠，英特爾的產線原為生產 65 奈米製程的晶片模組產品為主，但近期轉往生產高階快閃記憶體產品。

　　中西部與珠三角地區亦吸引部分晶圓製造龍頭業者投入，中西部有三星在西安的投資設廠，從事最先進的 3D V-NAND 記憶體生產，格羅方德則宣布在成都設立 12 吋產能，從事晶圓代工業務。此外，坐落於武漢的「武漢新芯」則已發展成為記憶體生產製造的重點廠商。

　　珠三角地區為近期積極投入發展晶圓製造的區域，除了中芯以外，另吸引聯電前往合資設立廈門聯芯 12 吋產線，同時福建省電子信息集團等又與聯電技術合作，設立福建晉華，從事 DRAM 記憶體的生產製造。

長三角地區具完整上下游供應鏈之特色

　　封測產業為半導體製造的後段工作，仍具知識密集、人才密集、資本密集與耗能等特性，但進入門檻相對較晶圓製造為低，因此是相對容易發展的領域，也吸引不少國際大廠

將其後段晶圓製造產能設置於中國大陸，目的是希望能接近客戶與市場。

綜觀大陸半導體封測的產業聚落已經遍布各主要地區，國際大廠幾乎都已經在大陸設立封測的生產據點。主要專業封測代工的國際大廠如日月光、矽品、力成、艾克爾等，皆已廣設生產基地，本土業者如天水集團、長電、通富微電子（原南通富士通）等，亦多處地點設立據點。

從整體產業聚落來看，半導體封測的產能仍以長三角地區為主，專業封測代工業者皆已在區域內設置產能。此外，整合元件製造業者如英特爾、德儀、恩智浦、英飛凌等，亦於長三角地區設置後段封測產能，造就長三角地區具完整半導體上下游供應鏈的特色。

中西部地區則因部分國際大廠的投入，亦具有顯著的發展，尤其是三星、美光、英特爾、德儀、力成等皆於中西部地區設置封測產能，使得當地形成顯著的產業聚落。其餘較為零星的封測產能則分布於京津環渤海與珠三角地區，如飛思卡爾（Freescale）位於天津、賽意法微電子位於深圳。

解析大陸半導體產業政策

1990 年代是全球資通訊科技和產業進入快速發展的轉折階段，作為全球生產基地，大陸 1990-2000 年資通訊產品出口複合年成長率達 19 ％；為了因應下游產品出口需要，生產所需電子和半導體零組件進口複合年成長率更高達

25％。基於資訊科技和網路的結合運用可創造大量新興產業，軟體和 IC 產業則是資通訊產業的核心和基礎，以及面對加入世界貿易組織的新形勢，加速軟體和 IC 產業的發展成為一項刻不容緩且長期性的任務。

2000 年 6 月，大陸國務院發布《鼓勵軟體和集成電路產業發展的若干政策》，為軟體和 IC 產業的發展提供一套完整的政策指引，也為往後繼續推動的政策奠定基本的架構。

《鼓勵軟件和集成電路產業發展若干的政策》重點與解讀

依該項文件所高舉的目標，主要包括：力爭到 2010 年軟體產業研究開發和生產能力達到或接近國際先進水準，國產 IC 產品能夠滿足國內市場大部分需求，並有一定數量出口，同時進一步縮小與已開發國家在開發和生產技術的差距。

政策支持措施則分兩部分，軟體方面涵蓋投融資、稅收、產業技術、出口、收入分配、人才吸引與培養、採購及對知識產權的保護等政策，有以下幾項重點：

（一）**投融資政策**：包括建立軟體產業風險投資機制、政府相關預算用於建設如軟體園區的基礎設施和產業化項目、為軟體企業在國內外上市融資創造條件等。

（二）**稅收政策**：2010 年前自行開發的軟體產品，可享受增值稅實際稅負超過 3% 的部分即徵即退用於研發和擴大

生產、企業所得稅自獲利年度起享受「兩免三減半」的優惠、符合規定的自用設備進口可免徵關稅和進口環節增值稅、軟體企業人員薪酬和培訓費可按實際發生數在企業所得稅稅前列支。

（三）**產業技術政策**：國家科技經費重點支持包括操作系統、大型資料庫管理系統、網路平台、開發平台、資訊安全、嵌入式系統、大型應用軟體系統等具有基礎性、戰略性、前瞻性和重大關鍵軟體技術的研究開發，以及支持國內企業、研究院所、大學與外國企業聯合設立研究開發中心。

（四）**出口政策**：軟體出口納入中國進出口銀行業務範圍並享受優惠利率信貸支持、重點軟體企業相關人員出入境審批簡化手續、中央外貿發展基金支持軟體出口型企業通過GB/T19000—ISO9000 系列質量保證體系認證和能力成熟度模型（Capability Matyrity Model，簡稱 CMM）認證。

（五）**收入分配政策**：軟體企業可依規定自主決定企業工資總額和工資水平、建立軟體企業科技人員收入分配激勵機制、企業可允許技術專利和科技成果作價入股，並將該股份給予發明者和貢獻者等。

（六）**人才吸引與培養政策**：國家教育部門要依託大學院校及科研院所等建立軟體人才培養基地、在現有大學院校與中等專科學校擴大軟體專業招生規模及多層次培養軟體人才、成立專項基金支持高層次軟體科研人員出國進修與聘請外國軟體專家前來講學和工作、大學院校和科研院所科技人員創辦軟體企業有關部門應給予一定資金支持等。

（七）採購政策：國家投資的重大工程和重點應用系統應優先由國內企業承擔、同等性能同價格比下應優先採用國產軟體系統、企業所購軟體達標準者可按固定資產或無形資產進行核算並適當縮短折舊或攤銷年限等。

（八）知識產權保護政策：鼓勵軟體著作權登記、任何單位在計算機系統中不得使用未經授權許可的軟體產品、加大打擊走私和盜版軟體的力度等。

至於在 IC 方面的政策，主要有下列幾項：

（一）IC 設計業：視同軟體業，適用軟體業相關政策。

（二）稅收優惠：投資超過 80 億人民幣或 IC 線寬小於 0.25 微米的 IC 生產企業，按鼓勵外商對能源、交通投資的稅收優惠政策執行。

（三）海關政策：

　　1. 符合前項規定企業，海關為其提供通關便利；

　　2. 進口自用性生產原材料和消耗品，免徵關稅和進口環節增值稅；

　　3. IC 生產企業引進 IC 技術和成套生產設備、單項進口的 IC 專用設備儀器，免徵進口關稅和進口環節增值稅；

　　4. IC 設計業的產品如在境內無法生產而須委外代工，進口時按優惠暫定稅率徵收關稅。

從以上可知，大陸對軟體和 IC 產業的發展可說是視為重中之重，相關政策除了水、電等基礎建設和土地等之外，

有關獎勵優惠方方面面的措施幾乎一應俱全。而此時期由於
半導體產業尚未成為美中對抗的焦點，因此大陸有關當局亦
尚未將該產業置於國安層級的策略性產業之上。

《進一步鼓勵軟件產業和集成電路產業發展的若干政策》重點與解讀

2000-2010 年，大陸資通訊產品出口仍舊維持在高度成
長，10 年出口複合年成長率達 21%，電子零件和 IC 進口複
合年成長率亦達 20%，內需市場提供了大陸半導體產業發
展最有利的基礎。

為了進一步優化軟體和 IC 產業發展環境，大陸國務院
以 2000 年發布的政策為基礎，予以調整並豐富化，於 2011
年 1 月底發布了《進一步鼓勵軟件產業和 IC 產業發展的若
干政策》[註2]，主要政策仍舊包括財政政策、投融資政策、
研究開發政策、進出口政策、人才政策、知識產權政策、市
場政策等，重大調整修正主要集中在財稅政策方面：

1. IC 線寬小於 0.8 微米的生產企業，自獲利年度開始享
   受企業所得稅「兩免三減半」優惠。

2. IC 線寬小於 0.25 微米或投資額超過 80 億元的 IC 生
   產企業，減按 15% 稅率徵收企業所得稅；其中經營
   15 年以上者，自獲利年度起，享受企業所得稅「五
   免五減半」優惠。

3. 新辦 IC 設計業和軟體業，自獲利年度起，享受企業
   所得稅「兩免三減半」優惠和進口料件保稅政策。

4. IC 封裝、測試、關鍵專用材料企業以及 IC 專用設備相關企業給予企業所得稅優惠,具體辦法由財政部、稅務總局會同有關部門制訂。

由新公布的政策內容可知,在財稅優惠方面是跟著產業技術的進步進行動態調整並加大優惠的力度,適用範圍並從 IC 設計、生產擴大到 IC 封裝測試、材料、設備等供應鏈整體生態體系。

另外,在研究開發政策方面,特別強調要推動國家重點實驗室、國家工程實驗室、國家工程中心和企業技術中心的建設,並且相關部門要優先安排研發項目。人才方面則進一步強化對人才的吸引和貢獻獎勵措施,鼓勵大學與 IC 企業合辦微電子學院等。由上可知,大陸當局已經認知到技術扎根和人才培育的重要。

《國家集成電路產業發展推進綱要》重點與解讀

到了 2014 年 6 月,基於 IC 產業存在:(1)晶片製造企業融資困難,(2)持續創新能力薄弱,(3)產業發展與需求脫節,(4)產業鏈各環節缺乏協同,(5)適應產業特點的政策環境不完善等諸多問題,為了推動 IC 產業重點突破和整體提升,國務院進一步發布了《國家集成電路產業發展推進綱要》(以下亦簡稱《綱要》)^(註3),將 IC 產業提升到了國安、國力位階。《綱要》最突出的措施之一是要設立「國家產業投資基金」,成為迄今 IC 產業發展最重要的投、融資支柱。

依據《綱要》，IC 發展目標分三階段，但以達到 2020
年目標為訂定重點：

（一）到 2015 年——

　　1. IC 產業創新發展體制要取得明顯成效，建立與產
　　　業發展規律相適應的融資平台和政策環境；

　　2. IC 產業銷售收入超過 3,500 億元；

　　3. 移動智能終端、網路通信等部分重點領域 IC 設計
　　　的技術接近國際一流水準；

　　4. 32/28 奈米製程達量產規模；

　　5. 中高端封測占封測總銷售 30％以上；

　　6. 65-45 奈米關鍵設備和 12 吋矽晶圓等關鍵材料達
　　　生產應用。

（二）到 2020 年——

　　1. 基本建成技術先進、安全可靠的 IC 產業體系；

　　2. 全行業銷售收入年均增速超過 20％；

　　3. 移動智能終端等重點領域 IC 設計技術達到國際領
　　　先水準；

　　4. 16/14 奈米製程技術實現量產規模；

　　5. 封裝測試技術達到國際領先水準；

　　6. 關鍵設備和材料進入國際採購體系。

（三）到 2030 年——

　　IC 產業鏈主要環節達到國際先進水準，一批企業進
　　入國際第一梯隊，實現跨越發展。

除了上述較為具體的目標，在 IC 設計、製造、封裝測試、關鍵設備和材料等各領域也都規劃出重點發展項目，例如在 IC 製造，除了要加速推進先進製程 IC 的生產，從 45/40 奈米提升到 16/14 奈米，同時要大力發展模擬（類比）及數模混合電路、微機電系統、高壓電路、射頻電路等特色專用技術生產線。

從這些數據更可以知道，這是一個具有相當高難度、高挑戰性的目標，必須舉全國之力、以大規模產業發展運動的方式來推動，方有實現的可能。因此在政策措施上進一步加大加深力度，分別從：加強組織領導、設立國家產業投資基金、加大金融支持力度、落實稅收支持政策、加強安全可靠軟硬體的推廣應用、強化企業創新能力建設、加大人才培養和引進力度、繼續擴大對外開放等八大方向，積極來推動 IC 產業。

「國家產業投資基金」點燃動力

在八大保障措施中最為突出的是設立「國家產業投資基金」，主要作用在吸引大型企業、金融機構及社會資金重點支持 IC 等產業發展。基金除了重點支持 IC 製造領域，兼顧設計、封裝測試、設備、材料環節，同時支持設立地方性 IC 產業投資基金，鼓勵社會各類風險投資和股權基金進入 IC 領域。

另一新增措施是加強組織領導，成立「國家 IC 產業發展領導小組」，負責 IC 產業發展推進工作的統籌協調；此

外，成立「諮詢委員會」從事調查研究、論證評估、提供諮詢建議。

最有趣的是，在保障措施的最後一項「繼續擴大對外開放」的最後一段：「發揮兩岸經濟合作機制作用，鼓勵兩岸IC 企業加強技術和產業合作」，特別單獨列出將台灣 IC 產業納入合作對象。

依據大陸國務院《國家集成電路產業發展推進綱要》的政策措施，各政府部門例如財政部、教育部等也陸續推出相關政策和扶持方案，支持 IC 產業發展。在國家產業投資基金方面，由財政部主辦，於 2014 年 9 月財政部、國開金融有限責任公司等 9 位股東共同發起成立「國家 IC 產業基金」（以下簡稱「大基金」）。

大基金一期初訂規模 1,200 億元，實際籌募約 1,386 億元，總期限為 15 年，分三階段：2014-2019 年為投資期，2019-2024 年回收期、2024-2029 延展期。至 2018 年 9 月底投資完成，累計投資 77 個專案、55 家半導體相關企業，其中 IC 製造占總投資額約三分之二（中芯國際、長江存儲等）、設計約 17%（匯鼎科技、兆易創新等）、封裝測試10%（長電科技、華天科技等）、設備與材料 6%（北方華創、中微半導體等）。

大基金同時帶動了地方政府成立地方 IC 產業基金，共同致力 IC 產業發展。至 2018 年，已經成立或宣布成立的省市級基金計有 17 個，規模合計達 5,000 億人民幣。由於執行進度順暢，大基金二期於 2019 年 10 月註冊成立，註冊資

本約為 2,041.5 億人民幣，繼續扮演以投資驅動產業發展的角色。

　　在此期間，大陸財政部依據產業發展動態在 2018 年修正對企業所得稅新的優惠措施：

1. 原製程線寬小於 0.8 微米生產企業享受企業所得稅「兩免三減半」，修正為 0.13 微米（130 奈米）且經營 10 年以上。

2. 原製程線寬小於 0.25 微米或投資額超過 80 億元生產企業，享受企業所得稅減按 15％徵收，其中經營 15年以上者，享受「五免五減半」優惠，修正為線寬小於 65 奈米或投資超過 150 億元，且經營 15 年以上。

　　對比《綱要》所訂 2020 年目標，在 IC 製造方面，指標企業中芯國際 14 奈米製程於 2019 年第四季／ 2020 年第一季達到量產，算是達標，相較台積電 2020 年第三季已進入 5 奈米製程量產，中芯國際仍落後一段距離。

　　封測方面，2018 年長電科技、華天科技、通富微電等三家已進入全球封測前 10 大企業；但是 IC 設計領域，僅華為集團所屬海思半導體進入全球前 10 大，在核心高端通用晶片如各種電腦所用微處理器、顯示處理器、圖像處理器、NAND 與 NOR 快閃記憶體等則幾無大陸業者立足之地。至於全行業銷售收入年均增速達 20％的目標，則歸因於大陸市場快速成長的帶動而順勢達成。

《新時期促進集成電路產業和軟件產業高質量發展的若干政策》重點與解讀

　　基於產業發展需要長期的政策支持，大陸國務院以2000年、2011年公布的政策措施為依據予以延續升級，2020年7月再度發布《新時期促進集成電路產業和軟件產業高質量發展的若干政策》^(註4)，主要包括財稅政策、投融資政策、研究開發政策、進出口政策、人才政策、知識產權政策、市場應用政策、國際合作政策等既有八大領域，但內容則更進一步放鬆、擴大、深化，以強化其政策力度。在財稅政策方面的修正主要有：

1. 線寬小於28奈米（含）、經營期15年以上的IC生產企業或項目，10年免企業所得稅。
2. 線寬小於65奈米（含）、經營期15年以上的IC生產企業或項目，享受企業所得稅「五免五減半」。
3. 線寬小於130奈米（含）、經營期10年以上的IC生產企業或項目，享受企業所得稅「兩免三減半」。
4. 國家鼓勵的IC設計、設備、材料、封裝、測試企業和軟體企業，享受企業所得稅「兩免三減半」；國家鼓勵的重點IC設計企業和軟體企業，享受企業所得稅五年免稅，接續年度減按10%稅率徵收。

　　另外在人才政策方面，則包括加快推進IC一級學科設置工作，優先建設培育IC領域產教融合型企業，納入產教融合型企業建設培育範圍內的試點企業，符合投資規定的，

可按投資額 30％抵免該企業當年應繳納的教育費附加和地方教育附加。

由上可知，大陸的獎勵政策、標準等是隨產業發展與時俱進、動態調整的，在如此優厚的獎勵措施與技術、人才、產業鏈生態體系各方面並重的推動架構下，為何國產化的比率遲遲未能得到重大進展？

半導體爛尾案件頻傳

大陸在半導體產業發展本就屬於後進者，基於：（1）半導體內需市場供需落差持續擴大，成為進口首要產品項目；（2）半導體是驅動物聯網、人工智能、5G 通信、新能源與自動駕駛車輛等新興應用發展以及國防軍事裝備的核心，在經濟社會及國安等居於重中之重的地位；（3）技術和產業獨立自主並成為全球領導者是國家既定政策等諸多因素，因此在中央及地方政府長期持續且不斷加大力度提供投融資、稅收優惠等全方位支持措施下，形成舉國上下風起雲湧的投資運動。

但產業發展有其一定道理，必須按部就班、滾動式蓄積並持續提升產業發展能量，循序推進；最忌急功心切、妄圖彎道超車而揠苗助長。尤其技術密集且資本密集的半導體產業，有錢絕非萬能，甚至可能是弊端的源頭。但在政策強力支持下，掀起「全民大煉芯」運動，各地新創半導體生產企業如雨後春筍般出現。

爛尾案屢見不鮮

依據相關報導，大陸在大型晶片製造投資項目就至少有 8 件以失敗結束，其中以武漢弘芯半導體的爛尾案最為出名；甚至國家重點支持的紫光集團也因急速擴張，面臨債券違約危機而遭債權人聲請破產。

弘芯半導體是創辦人曹山、李雪艷等先於 2017 年 11 月 2 日成立北京光量藍圖公司，註冊資本 18 億元；而後於當月 15 日成立武漢弘芯半導體，註冊資本 20 億元，其中武漢政府注資 2 億元占股 10％。該公司對外的宣傳是要打造 14 奈米邏輯製程、7 奈米以下晶圓級先進封裝生產線，突破美國技術封鎖，打造下一個台積電、英特爾，還請來前台積電共同營運長、研發副總蔣尚義擔任 CEO，並且向艾司摩爾下單購買深紫外光（DUV）先進光刻機，以及用 2 倍薪水從台積電大挖工程師。

但實際上，弘芯公司在 2019 年資金就已斷炊，2020 年 9 月進入停工狀態，11 月由政府接管，2021 年 2 月終於宣布遣散員工。依據武漢市發改委發布的紅頭文件「2020 年市級重大在建專案計畫」，弘芯總投資達 1,280 億元，但光量藍圖實際上一毛錢都沒出，是一樁典型的畫大餅的騙局。

武漢弘芯之外，計畫半途停擺的爛尾案見諸於媒體的還有：廣州海芯集成電路、成都格羅方德（格芯）半導體、南京德科碼、貴州華芯通、陝西坤同半導體、淮安德淮半導體、濟南泉芯等。

至於 2015 年曾誇下海口要買下台積電的紫光集團，

雖然因為不同原因，但結果同樣是面臨債台高築產生的財務危機。為了同時大力推進成都 NAND 快閃記憶體和重慶 DRAM 記憶體總投資達 2 千億人民幣的兩大投資案，卻在缺乏資金和人才情形下，進度一再拖延，遭遇於 2020 年 11 月 15 日前未能償還 13 億人民幣債務、12 月面對 4.5 億美元債務違約的危機，其後仍有數十億美元的債務待付。到了 2021 年 7 月 9 日，紫光集團公告：徽商銀行已向法院聲請對集團進行破產重整。

「芯腐敗」事件

除了一連串爛尾樓事件，負責推動半導體產業發展的大基金也爆發腐敗事件。

2022 年下半，「國家集成電路產業投資基金股份有限公司」、基金管理公司「華芯投資管理有限責任公司」、基金深圳子基金等相關領導人，甚至紫光集團前董事長趙偉國，都陸續遭到調查，顯示龐大的政府基金、前仆後繼的投資案件暗藏了許多人員上下其手的腐敗機會，不僅造成基金浪費，不良投資專案拖累半導體產業發展，也對未來的投資推進產生不利影響。

大陸半導體產業發展存在的若干問題

大陸半導體產業於 2000 年開始受到重視，但至 2010 年左右才開始逐漸加大力度發展；尤其 2014 年成立國家 IC 產

業發展基金，半導體產業投資在大陸如火如荼的開展。

距離達標依然長路迢迢

依據大陸 2015 年公布的「中國製造 2025」的目標，半導體自給率於 2020 年要達到 40％、2025 年達到 70％。但大陸有關方面可能輕忽了半導體產業發展的困難度，以及內需市場的成長快速，產業發展始終距離目標維持著相當落差。

依據 IC Insights 的資料，大陸 2011 年 IC 的市場為 570 億美元、產值 58 億美元，至 2021 年分別成長為 1,870 億美元、312 億美元，複合年成長率（CAGR）市場方面為 12.6％、產值為 18.3％。2021 年自給率達到 16.7％，但若扣除外資企業，自給率僅為 6.6％，顯示大陸半導體產業倚賴外資企業之重。預計至 2026 年自給率只能達到 21.2％，離目標甚遠。

另外，依據大陸海關資料，2021 年大陸 IC 進口 4,325 億美元、出口 1,538 億美元，逆差高達 2,787 億美元。

至於市場結構，依據大陸半導體產業協會統計，2021 年大陸 IC 銷售額約為人民幣 10,458.3 億元，其中設計業占 43.2％、製造業 30.4％、封裝測試 26.4％，顯示出設計業因進入門檻較低、產品以低端為主，占了大陸半導體產業發展的主要部分。

並非一無是處

雖然整體而言大陸半導體產業發展距離所定目標仍遠，但是在產業各不同環節也培育出若干支柱或重要企業，例如進入全球前十大者，在設計方面有海思半導體、韋爾半導體，代工方面有中芯國際、華虹半導體，封裝測試有長電科技、通富微電子、華天科技等。

另外在細分項或利基產品領域，大陸亦有一些知名企業，例如安世半導體在功率半導體排名第八，該公司原為荷商，於 2019 年被大陸聞泰科技併購，是全球分立式元件 IDM 領導廠商。在 CMOS 影像感知器（CIS）方面，大陸則有豪威科技、格科微等。而在微機電系統（MEMS），大陸有歌爾微、賽微電子等。

供應鏈方面，大陸也在積極培育。雖然設備主要仰賴進口，但本土一些企業如北方華創、中微公司、盛美半導體等都逐漸冒出頭。

IC 設計銷售額占大陸半導體產業的主要組成，業者所使用的 IP 核大陸也有一些企業想占一席之地，如芯原等。

處處見生機

雖然一般對大陸半導體產業的發展成效評語不佳，但畢竟大陸經過最近十年投下龐大資源，半導體產業的發展仍舊可以看到蓬勃的生機，尤其是在設計領域。

依據智庫專家克萊恩漢斯的研究[註5]，大陸由於：（1）內部與風險資金的容易取得、（2）國內人才來源增加、（3）

需要半導體設計的產業成長，在一般經營環境方面，晶片設計公司可以充分利用相對進入障礙低與高報酬的機會缺口。例如在汽車方面，估計至 2030 年，中國品牌車 75％ 具有 L1-L3 自駕能力，提供特殊化處理器龐大市場給中國企業。

值得注意的是，大陸一些金牛級超大規模企業如大型網路平台服務提供者百度、阿里巴巴、騰訊（BAT）等都進入晶片設計市場，像美國谷歌、亞馬遜、臉書等正設計自用的晶片，使其提供的雲計算等數位服務最佳化，並充分運用其支援 AI 訓練累積的數據的優勢。這些公司都致力於垂直方向多角化業務的發展。

此外，智慧手機公司 OnePlus、Oppo、Vivo、Realme 等、消費電子公司小米等也運用其領域的專業知識開發高度專業化、高性能與效率的晶片，讓不具如此晶片設計能力的公司更難以與之競爭。

而一些晶片設計新興公司如寒武紀（Cambricon）、燧原（Enflame）等，則目標大陸正成長的 AI 市場。雖然大部分大陸晶片設計部門的產品以性能言，尚停留在全球中低端市場，但由於資源投入，高階設計正在增長，將支持產業更廣領域的競爭力。曾有估計，2017 年左右只有華為可設計先進晶片，2022 年約已有 10 家以上可設計 5 奈米晶片，一、二年後可推進到 3 奈米。

另外在設計環節，大陸公司也正聚焦在運用 RISC-V 開放源指令組架構（open-source instruction set architecture），由總部原位於美國而後遷往瑞士，以避免美國出口管制的跨

國產業協會所推廣。RSIC-V 聯盟一半以上的董事會成員和中國大陸公司及研究機構有關聯,大陸當局藉著贊助產業聯盟及補助 RSIC-V 為基礎的晶片開發來推廣其使用。

弊端屢傳,外加後有追兵

推動半導體產業發展是大陸產業發展的重中之重,從成立大基金到現在,除租稅與各種補貼措施,中央與地方已投入數千億人民幣,雖獲有成果,但對所定目標何時達成可謂遙遙無期;加上弊端屢見、美國對大陸半導體科技的掐脖子愈掐愈緊,更使大陸科技發展潛藏已久的問題一一浮現。這些問題如果不能有效解決,半導體產業發展將持續無法取得重大進展,進而錯失發展契機;尤其是各先進國家和印度,都開始積極推進本土半導體製造產業,加上美國全面防堵大陸發展,將使大陸面臨更嚴峻的挑戰。

輕忽半導體產業發展的困難度

對於推動半導體產業發展,大陸一開始就輕忽了此產業發展的困難度。半導體產業除了是技術密集、資本密集之外,隨著產業演進,其供應鏈縱橫交織愈來愈綿密複雜、產業生態體系愈長愈龐大,甚至在某些環節形成壟斷或寡占的結構,進入障礙愈來愈高。因此,產業發展所需配合的條件愈來愈多,政府的首要工作是要建立良善的產業發展環境,並且與時俱進,與產業界共同提升環境的競爭力;不思先布建穩固的基礎,認為光靠基金投資、優厚獎勵,IC 自給率

就可從 2015 年的 16％至 2025 提高到 70％，那是一種緣木求魚的想法。

政策與執行產生重大落差

其次，各不同國家在產業發展有不同發展模式，美國主要採取自由市場經濟，聯邦政府基本上不主動直接介入產業發展。日本、南韓、台灣和大陸則較為相像，政府會扮演比較主動積極的角色，規劃產業發展藍圖、研訂政策與措施推動實施，只是各國政府介入程度互有不同，採取的策略和政策措施亦有相當差異。例如在台灣，產業發展通常由中央政府負責，集規劃和執行於一身，掌控各項發展資源和公權力，因此效率較高。

在大陸方面，則是由中央規劃政策和措施，交由地方包括副省級市和地級市等推動實施。由於地方相較中央缺少產業發展專業人才，對產業發展欠缺應有的思維，對於如何招商引資與相關投資案的規劃、評估能力大多付諸闕如，遑論掌握產業發展的關鍵要素，建立有利產業發展的環境。對於像半導體產業如此高科技，需要方方面面條件配合的產業，地方政府推動起來當然是心有餘而力不足。中央與地方、政策與執行之間存在重大落差，產業發展的成效自然要打上折扣。

中央頂層設計和地方執行推動之間缺乏整合協調機制

日本、南韓和台灣在產業發展上中央與產業界往往有直

接密切的接觸，因此能夠完全掌握產業的特性和發展動態，隨時在政策和措施做必要調整，並解決產業發展的瓶頸。大陸是中央負責頂層設計、出台政策，地方則依據上層政策配合執行，因此存在規劃設計時缺乏完整性、執行時追求速成近利的問題，兩者之間又存在欠缺協調整合的機制。

半導體產業是一個龐大的生態體系，包括軸心製造的上、中、下游及周邊設備、工具與材料等相關產業。既然中央負責頂層設計，在規劃上產業發展的目標、定位、發展模式、路徑圖、政策、措施、行動計畫與協調機制等，都應相當具體明確，並且讓地方有因地制宜的空間，甚至可能需要有實施細則，針對不同領域有不同的績效評量標準，地方推動才能有所依循。

由於規劃時難以達到完整性及績效評估缺乏務實的標準，地方政府在推動產業發展時，經常以較容易達成數字目標的投資案優先，例如招商引資時，重視外資、大投資項目、可立竿見影的成熟低端產品等，對於需要較長時間投入研發始有成果、進入障礙較高的設備、材料、智財核等投資則都興趣缺缺。

另外，基於本位主義，各地方之間產業、資源等都缺乏整合，難以將下游市場、上游資源與產業發展整合，發揮綜效、創造多元化、各具特色的半導體產業。例如大陸擁有全球最大的汽車市場和產量，卻未能將汽車電子與各地生產的新能源車輛、汽車自駕整合，以產業鏈合作方式發展出具有特色的車用半導體產業。

投資之外，需要政府協助的還有市場進入障礙。半導體設計工具、製程設備和材料等是產業發展的重要配套，卻都同樣遭遇市場進入的障礙。由於半導體技術快速進步，製程愈為複雜冗長，對設計工具、設備、材料等要求愈高。即使本土企業開發成功新產品，設計與製造業者因不願冒著因小失大的風險率先採用本土產品，寧願採用外國品牌商的進口貨，這是大陸在推進國產化時必然會遭遇的難題，政府卻沒有一套完整有效的機制能夠協助突破，形成今日在美中對抗中被美國鎖喉的環節。

急功心切，揠苗助長

產業和企業的發展必須逐步累積能量厚實基礎，俟各方面配套條件俱全才能往前邁進；企圖彎道超車或投機取巧者，必會遭致翻車。台積電之所以能有今日的成就，主要是經過 35 年以上國際市場、競爭的淬鍊，在技術、管理等方面累積了堅實的基礎和能量。

反觀近年來出事的紫光集團，雖為大陸重點支持的國家隊企業，卻未著手加強研發扎根技術，反而為了加速發展大舉砸錢進行收購。2013 年以 17.8 億美元收購美國展訊通信、2014 年以 9.1 億美元收購美國銳迪微電子公司，2015 年董事長趙偉國到台灣，還大言要買下台積電和聯發科。但半導體產業是資本密集產業，投資回收期長，且為了追趕技術的進步，必須不斷的進行投資；在公司資金難以因應需求之時，只能靠舉債過日子，惡性循環之下，終於浮現財務危

機，導致申請破產重整。

由於急功，產業發展所訂目標過高，因此產生眾多後遺症。除了紫光集團運用併購企圖加速擴大版圖之外，也產生國際上所詬病的強迫外商以技術換取市場、到海外挖人，甚至以不正當手段竊取技術等。在挖人方面，根據非正式統計，台灣就有約三千位半導體相關人員在大陸工作，中芯國際多位主要高階領導人來自台積電離職人員。

至於以不正當手段取得技術這部分，台灣北部某科技產業園區就盛傳存在與大陸有關的產業間諜，是大陸在台灣獲取半導體技術的大本營。在國際上，據《彭博社》（Bloomberg）在 2022 年 6 月 6 日的報導[註6]，光刻機龍頭企業艾司摩爾控訴北京東方晶源電子和位於矽谷的 XTAL 公司竊取其商業機密，後兩公司存在密切關係，2019 年美國法院曾判定 XTAL 侵犯艾斯摩爾的智慧財產權，主要目的是將取得的技術移轉到中國大陸。

競爭和績效是產業發展的核心驅動力量

產業和企業發展均須遵循一定的發展途徑，投資和創新是半導體產業往前推進的驅動力量；而投資者的投資前提往往是被投資案要能創造績效，在競爭的環境下要能創造績效，就必須不斷的創新提升競爭力。換言之，競爭和績效是一體的兩面。沒有績效的投資案，就沒有投資者願意投入或繼續投入資金，除非政府基於某些政策性的因素如國家安全等持續地予以支持。但半導體產業的技術進步快速，研發和

新設備工具需要不斷的投入，而且投入規模如滾雪球般愈來愈龐大，一般企業必須靠著營運績效產生的盈餘予以挹注，即使有政府的資金支持亦難以持久。

但大陸在推動半導體產業方面顯著違背了績效和競爭的大原則。為了倍速產業的發展，政府基金的高度參與以及過度的補貼，忽視了對績效的要求，同時扭曲了企業的競爭力，在例如投資案遍地開花的外表漂亮的數字底下，潛藏了許多問題，包括：同質性的投資案過多、集中在低端成熟產品、企業獲利不良等，反而拖累了產業往前推進的動力。

展望大陸半導體產業的未來

大陸除了本身存在的問題，在外部方面，半導體產業還遇上空前的挑戰。美國自前總統川普開始，加劇美中對立的緊張，防堵大陸高科技產業的崛起，到了拜登總統更是變本加厲，全方位防堵大陸高科技的發展，而其核心就是半導體，因為半導體具有軍民通用的特色，且其下游應用愈來愈廣泛，對經濟發展扮演關鍵角色。

內憂加外患

大陸自發展半導體產業以來，始終著重在倚賴自外引進技術和投資的模式。美國從川普到拜登政府，對大陸高科技的防堵是愈縮愈緊，一方面嚴審大陸企業在美國的投資併購案和上市公司，防堵大陸藉投資併購取得技術；另方面以出

口管制和實體清單管制對大陸出口晶片、設備、設計工具等，一則阻礙大陸下游科技產業發展和晶片用於國防相關產品，一則延遲大陸半導體產業的進步。

尤其到了 2022 年 10 月，除了限制對中國大陸出口 AI、高速運算等晶片，美國商務部公布了管制範圍更廣的新規定，包括應用在鰭式場效電晶體（FinFET）與環繞閘極電晶體（GAAFET）架構 14 奈米以下先進邏輯製程、18 奈米以下 DRAM、128 層以上 NAND 快閃記憶體等使用的設備及技術出口至大陸，勢必嚴重限制大陸半導體產業及其下游高運算力應用產業的發展，英國《金融時報》認為美國此舉將把大陸晶片產業打回石器時代，其影響跨越整個半導體供應鏈。

此外，美國也新規定禁止美國公民協助大陸研發先進晶片，影響在美上市大陸公司美籍人士等，而美國蘋果公司在禁令下，也讓其旗下產品停止採用大陸長江存儲公司的 NAND 快閃記憶體晶片。

危機就是轉機

2022 年 8 月，美國《晶片與科學法案》（Chips and Science Act，以下簡稱晶片法案）通過、實施之後，大陸芯謀研究（ICwise）對大陸未來半導體產業發展提出六點建議：（1）重視扶持政策的持續性，堅定不移扶持半導體；（2）發揮新型舉國體制優勢，強化頂層設計，加強統籌全局；（3）以重點企業為扶持，做大做強既有主體；（4）充分

發揮市場作用，加強全球合作；（5）堅持底線思維，以時間換取空間；（6）改善教育體系，加大國內技術人才培養。顯示出大陸方面也體認到當前半導體產業遭遇前所未有的挑戰，必須採取相對應的措施。^{（註7）}

改革發展模式

面對半導體產業的內憂外患，其實就是大陸轉折而上的時機。但是僅就當前發展的模式做部分政策措施的調整是無法因應整體環境結構轉變帶來的如排山倒海般的衝擊，大陸應該利用這關鍵時刻好好思考：如何改革未來半導體產業發展的模式。

半導體產業是高科技產業的頂尖，且是全球競爭的產業，在整體發展大陸必須徹底改變若干方面的思維才能克竟其功。尤其是產業和人的身體一樣，必須各方面循序漸進、均衡成長才能行穩致遠、永續成長。

產業定位

半導體產業的範疇相當廣泛，產品、應用領域和供應鏈隨著科技的進步不斷擴張，台灣、南韓、日本、美國、歐洲等都只能依據其競爭優勢分據產業不同環節，沒有任何一個國家可以在所有領域都居於領導地位。

大陸除了修正務實可行的國產自給率的目標，必須積極規劃其半導體產業在全球的定位，提升核心領域的競爭優勢，集中力量往此目標努力。

市場開放、自由競爭

其次是大陸必須將產業發展置於市場開放、自由競爭的大架構之下，讓產業和企業發揮其應有的績效。政府不是萬能的，產業政策並不能完全主導企業的行為，更無法即時因應環境的瞬息萬變。

猶如物理學的原理，政府的角色在協助產業克服初始發展的「靜摩擦」；一旦產業成長進入一定的階段，政府就應放手讓產業自己克服「動摩擦」，依循自由競爭的規則發展。政府的工作在協助產業解決市場進入與市場失靈的問題，例如協助設備業與材料業開發新產品及其新產品能被晶片製造業者所使用等。

厚實發展基礎

在發展模式上，大陸必須從以自國外引進技術、投資為主，轉向國內、外並重；尤其是面對美國的科技防堵，大陸必須加倍投入技術的自主研發，厚實在半導體供應鏈上具有獨特性不可被取代的技術。依據此項原則，大陸必須重新建立多元化產業創新體系，打造公、私合作分工與研發、製造整合的機制。

例如，長久以來美國在研發製造設備方面成功運行的SEMATEC 組織、日本在 2022 年由昭和電工主導 12 家企業成立 JOINT2 聯盟共同研發半導體生產使用的新一代材料等；政府的相關獎勵補助措施的重點，也必須從製造移往研發創新，特別是一些具有共通性、能產生外溢效應的技術，

更是政府應該積極支持的重點項目。

推動的落差

　　即使有再好的策略計畫和配套措施，如果缺乏執行力或規劃和執行存在嚴重落差，發展成效肯定難以取得理想的成果。大陸中央和地方在產業發展存在結構性、制度性的問題，這些問題如果不予以解決，產業發展難以獲得突破；而這些問題都是必須由中央來負責，地方無能為力解決，例如各地方政府之間的本位主義、製造者與供應商之間的協調合作機制等。

國際合作，利益共享

　　產業發展絕對不能閉關自守，大陸半導體產業發展的成功與否決定於與世界融合的程度。大陸有廣大的應用市場、工業發展高效率的生產體系、為數眾多的研究機構、豐沛的高等教育人力、政府發展產業的決心等優勢，應該以高度的自信心，改善企業經營環境、擴大與國際合作。

　　遭遇美國的全方位防堵與企圖聯合盟邦共同合作，大陸更應與其他國家在市場與技術等方面進行產業鏈的合作；而不管是美國或大陸，在國際上若要進行合作或聯盟，最重要的原則是要能創造大利，並且利益要能共享。

台灣觀點 ————————

　　大陸擁有廣大的半導體市場，這市場還正隨著新的應用在擴大、快速成長，但是目前自給率低，倚賴進口，大陸當局急於建立本土產業、提高自給率的心情是可想而知。但是產業的發展必須循序漸進，尤其半導體產業這種資本及技術密集的產業，是要靠從發展中學習、累積經驗，作為後一階段發展的基礎，即所謂的邊做邊學習（Learning by Doing），取巧不得。從 2014 年大力發展至今，大陸擁有全球最大、最有優勢的市場機會，在發展半導體產業卻虛擲了龐大資源，也浪費了許多寶貴時間和機會，主要是在發展模式上頭出現了重大失誤。

　　未來大陸要進一步精進半導體產業發展有三大任務，一是**健全產業發展環境和產業生態體系**，大陸有關方面必須針對當前局勢研擬出具創意、務實、有效能的發展策略，予以落實執行。

　　其次是要**讓既有產業能量充分發揮，並在可行空間致力產業升級**。既然受到外力阻礙，迄今大陸已投下龐大資源，擁有相當產業能量，應充分利用這些能量，提升這一階段的競爭力，包括擴大目前在中、低端產品市場的占有率，以及開拓其他應用市場領域。此外，**在既有基礎之上，尚可倚靠自行研發力量，盡**

可能延伸當前產業的水準。

當然大陸目前最大挑戰就是美國的鎖喉，這也讓大陸瞭解自己的罩門所在。針對美國掐脖子的環節力求突破，是當務之急，卻是需要長期努力扎根，方能見到成效。

另一方面，產業鏈的強度決定在其最弱的環節，中國的長城、法國的馬其諾防線是活生生的例子。要解套這些環節，未必需要正面去突破，大陸**可以選擇最有優勢的若干環節，建立不可被取代的地位，以此作為談判的籌碼。**

行到水窮處，坐看雲起時。遇到困境，正是痛定思痛、深思反省的時候。

英特爾曾被日本的半導體記憶體打趴在地上，卻在微處理機找到春天；日本的半導體製造受困於美國的貿易制裁，卻在半導體設備和材料占據重要地盤；美國流失了半導體製造，卻在設計、技術環節引領全球。

機會永遠存在，但是給準備好的人。台灣半導體產業發展的成敗歷程，可以提供大陸作為借鏡。

註解

註1　大陸國務院，國發〔2000〕18 號《鼓勵軟件產業和集成電路產業發展的若干政策》，2000 年 6 月 24 日。http://www.gov.cn/gongbao/content/2000/content_60310.htm。

註2　大陸國務院，國發〔2011〕4 號《進一步鼓勵軟件產業和集成電路產業發展的若干政策》，2011 年 1 月 28 日。http://www.gov.cn/zwgk/2011-02/09/content_1800432.htm。

註3　大陸國務院，《國家集成電路產業發展推進綱要》，2014 年 6 月 24 日。https://baike.baidu.hk/reference/14593182/9e6b_ZPL6IIxnxYHpKJB-VFknkt1Fn3EPekUOoV-qJ1uNcgGIjjjLlZrsXuLelXauWPKn2N_GwVIMEcRQrNojuz3FC1z0BsLjJr_4nVtH44feyfB。

註4　大陸國務院，國發〔2020〕8 號《新時期促進集成電路產業和軟件產業高質量發展的若干政策》，2020 年 7 月 27 日。http://www.gov.cn/zhengce/content/2020-08/04/content_5532370.htm。

註5　John Lee & Jan-Peter Kleinhans, "Mapping China's semiconductor ecosystem in global context:Strategic dimensions and conclusions," Stiftung Neue Verantwortung and MERICS, June 2021.

註6　Bloomberg,"Engineer Who Fled Charges of Stealing Chip Technology in US Now Thrives in China,"June 6, 2022。

註7　原報告為付費閱讀，六項應對建議可參考中時新聞網記者李文輝的報導，〈應對美國晶片法影響陸專家：需強化頂層設計加強統籌全局突破〉，2022 年 8 月 13 日。https://www.chinatimes.com/realtimenews/20220813000984-260409?chdtv。

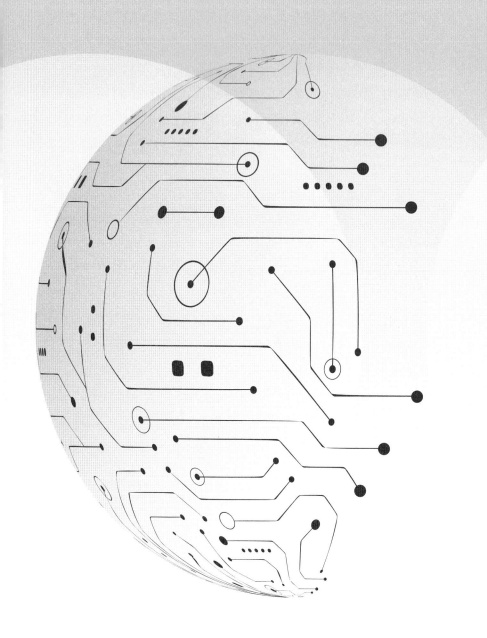

| Part |

II

對

決

第五章

美中貿易戰撼動全球

近幾年來，美中科技戰打得如火如荼，美國對大陸的制裁措施一招接著一招出籠，半導體是其重中之重。但是美中科技戰並不是獨立事件，而是整體美中貿易摩擦、對抗的延續和升級。因此要瞭解美中之間的半導體戰爭，可能需就美中之間的貿易摩擦先作個回顧。

2019 年全球經濟處於動盪不安的不確定狀態，經濟成長主要受美國和中國大陸貿易戰的影響。兩個全球第一大和第二大經濟體的國內生產毛額（GDP）合計占全球比重約40％，並占全球貨品貿易總額近 23％，在高度全球化的今日，兩個經濟體的一舉一動很快像海浪般波及到其他主要經貿國家。台灣與美國、大陸經貿均有高度連結，受美中貿易戰的衝擊自是較絕大多數國家為重，台灣可說是處於美中貿易戰暴風圈的核心地帶。

美國為何挑起美中貿易戰

美中貿易戰很明顯是由美國發動的，但是美國為什麼要對大陸掀起把全球經濟搞得動盪不安的貿易戰，這可能應該從雙方的角度來看：

大陸觀點：「60％定律」

從大陸的觀點，或許可在 2018 年 8 月 10 日大陸《人民日報》的一篇文章〈美國挑起貿易戰的實質是什麼？〉找到部分答案[註1]。

該篇文章指出，美國挑起貿易戰的根本理由是：大陸是對美國全球霸權地位最大的挑戰者，大陸經濟成長的速度和潛力遠大於歷史上的蘇聯與日本，成為美國一個前所未有的對手。而從歷史看，自 1894 年美國成為世界上第一大國之後，哪個國家的實力前進到全球第二，對美國構成威脅，美國就會出手去遏制它。

　　文章指出，美國存在一個「60％定律」的邏輯：凡是有他國經濟總量達到美國的 60％，並保持強勁的增長趨勢，甚至有快速超越美國的可能，美國就會視之為對手，盡全力去遏阻對手的成長，歷史上的前例有前蘇聯和日本。

　　現今大陸已超越日本成為第二大經濟體，經濟總量為日本、德國、英國的總和，並且超過美國的 60％ 來到 65％，同時還是世界第一大貨物貿易國、最大外匯儲備國，創新科技水準正快速追趕美國，因此面臨了來自美國的一切挑釁和壓力。

　　美國對大陸的此種態度並非始自川普總統的「美國優先」（America First）的政策，2000 年小布希在競選時就提出「中國不是美國的戰略夥伴，而是美國的競爭對手。」2009 年美國歐巴馬總統宣布「重返亞洲」、「亞洲再平衡」，目標就是中國大陸。另在 2017 年 12 月白宮發表的《國家安全戰略報告》（National Security Strategy）[註2] 將大陸視為戰爭競爭對手，指大陸是挑戰美國實力、影響力和影響力，意圖侵蝕美國安全和繁榮的「修正主義國家」。

美國觀點：貿易逆差創新高

　　《人民日報》前述的文章充分反映了大陸官方對於美國發動美中貿易戰的看法，認為美國不希望看到強大的競爭對手，但是從美國的觀點可能就大大不同。所謂冰凍三尺非一日之寒，美國對大陸可是各方面都忍了相當長久的時間。自從 2001 年大陸加入世界貿易組織 WTO 之後，對美國貿易順差就不斷攀升。依據美國官方統計，美國對大陸貿易逆差於 2001 年為 830 億美元，隔年來到 1,031 億美元，2005 年突破為 2,023 億美元，2012 年躍升到 3,151 億美元，2018 年更來到 4,195 億美元的新高點。

　　依據美國經濟政策研究院（Economic Policy Institute）的長期觀察和推估[註3]，2001 年美國對大陸貿易逆差 830 億美元，此相當於美國丟掉了 95 萬 6,700 個工作機會；2018 年貿易逆差 4,195 億美元則相當於丟失了 466 萬 1,400 個工作，17 年間被大陸搶走的工作機會增加了 370 萬，其中包括 280 萬個製造業的工作，這讓美國人民深感不滿。

　　1980 年代上半，台灣對美國貿易順差快速增加，導致被美施壓，1986 年起新台幣快速升值；同樣的，1970 年代起日本各主力產業前仆後繼的在美國市場攻城掠地，造成美國產業面臨生存危機、員工失業，因此爆發不同產業貿易戰和《廣場協議》，可知美中貿易戰是遲早會發生的事。

　　美國經濟政策研究院的看法其實有其缺失所在，部分學者認為美國之所以會對中國大陸有巨額的貿易逆差，主要是美國人民過度消費，自大陸大量進口手機、電腦、玩具、家

具、電視機等產品;而大陸相對生活水準較低,其比較利益是可以以比別國更低成本生產各種消費性產品。更進一步的看法則是大陸已經擁有完整的製造能力,體系化的工業生產部門展現了協作分工的高生產力,彌補了人工等成本上漲的不利因素。

流失工作機會感受最深的雖是人民,尤其是無法轉換工作和生活條件在邊緣的工人。而從政府宏觀的角度則是另一種感受,對美國長久以來領導多邊架構貿易體系來說,最難忍受的應是大陸加入 WTO 之後,沒有履行其加入該組織之時的承諾。

加入 WTO 的承諾

大陸在 2001 年加入 WTO,入會時做了各方面的承諾。10 年之後,2011 年大陸國務院新聞辦公室首次就大陸對外貿易情況發布白皮書,宣布大陸加入 WTO 時的承諾全部履行到位。

但是這些認知卻未獲美國認同。2015 年 9 月,美國智庫資訊技術暨創新基金會(Information Technology & Innovation Foundation,ITIF)發表的一篇報告〈虛假承諾:中國入世承諾與實踐之間的鴻溝〉[註4] 細數了大陸未能履行加入世貿組織時所作的種種承諾,指稱大陸的經濟與貿易政策與全球貿易的基本原則距離愈走愈遠,包括國民待遇、無歧視、以規則治理、根據比較利益原理以市場為基礎的貿易等,每次大陸聲稱要開放貿易時,他們都會提出另一種新的重商主義

貿易障礙來替代原來的貿易障礙。而不幸的是，WTO 執法
體系始終無法有效的阻止這些違規行為，WTO 的爭端解決
機制是如此薄弱，因此大陸在很大程度上得以免於因其所犯
的錯誤而受到懲罰。報告所提出大陸未實現的承諾有：

1. 不以要求技術移轉作為市場准入的條件；
2. 參與政府採購協定（GPA）；
3. 國有企業基於商業考量進行採購；
4. 減少國有企業在經濟中所占比重；
5. 外國銀行享受國民待遇；
6. 向外國廠商開放電信市場；
7. 開放外國影片發行；
8. 大幅降低出口補貼；
9. 顯著減少知識產權竊取和侵權；
10. 遵守《貿易技術障礙協定》及不操縱技術標準。

大陸的反駁

對於 ITIF 文章的指控，大陸專家崔凡 2018 年 4 月 12
日於《國際經貿在線》以〈中國是否充分履行了入世承
諾？〉[註5] 一一予以反駁。例如在不以要求技術移轉作為市
場准入的條件，崔文認為這一承諾超越了 WTO 主協議的要
求，大陸當前對外資已從全面審批制改為備案制為主，96％
的外資企業不需要審批，網上備案即可；如果有哪個審批與
備案部門以轉讓技術為要求實施審批或備案，投資者可以進
行行政申訴與行政訴訟。

該文認為美國的指控主要是把政府行為與企業行為混為一談，大陸企業在與外國貿易商或投資者談判中提出技術轉讓要求，大陸官方是無法禁止的。換言之，大陸把這項指控推給了企業的自主行為。此外，美方認為大陸在部分產業對外企有合資要求，從而認為有強制技術轉讓的效果，這部分大陸則正在盡量取消一些產業的合資要求，但認為這是屬於自主開放，不是 WTO 義務。

　　在有關大陸是否履行加入 WTO 的承諾之外，大陸另外開闢了一個戰場。

　　根據《中國加入 WTO 議定書》第 15 條，大陸認為加入 WTO 滿 15 年即可取得「市場經濟地位」，因此於 2016 年 12 月 12 日加入 WTO 滿 15 年的隔日向 WTO 提出申訴，要求歐盟和美國承認其「市場經濟地位」。

大陸的「市場經濟地位」

　　非市場經濟和市場經濟地位的主要差別在於：若是「非市場經濟體」，大陸的企業遭遇他國反傾銷調查時，不是拿大陸境內產品價格和出口價格做比較，而是選擇替代國家的產品價格（較大陸為高）與大陸產品出口價格對比，以此來判定大陸出口產品傾銷幅度，對大陸相當不利。

大陸爭取「市場經濟地位」

　　反之，大陸如被承認是「市場經濟地位」，就可拿國內

產品價格（較低）與出口價格比較，價差較小，外國反傾銷訴訟成立的可能性就較低。歷年來大陸因為被美國和歐盟視為「非市場經濟」，業者在出口方面損失數十億美元，有些產品甚至被課以 100％以上的懲罰性關稅。

美國、歐盟及日本等國家則多不認同大陸的主張，認為「市場經濟地位」不是無條件自動取得，《議定書》中還有其他反傾銷有關條款，根據第 15 條上下文、條款設立目的等內容，在大陸入世 15 年後必須由各會員國再次確定大陸是否還是「非市場經濟地位」。

為了因應大陸的行動，歐盟在 2017 年修改反傾銷法規，取消此前對大陸是「非市場經濟地位」的假設，另外加入新規定，對於某些國家的政府干預其國內市場造成國內價格嚴重扭曲時，調查機關可以第三替代國價格取代該等國家的國內價格。

對於大陸控訴歐盟的案件，美國則在 2017 年 11 月提交第三方文件，指稱大陸很明顯的並未完成市場經濟轉型，認為大陸應先完成轉型，確保市場經濟條件。

為了讓世人瞭解大陸在履行加入 WTO 承諾所做的努力和成果，大陸在 2018 年 6 月首次發表《中國與世界貿易組織》白皮書[註6]，並由商務部副部長前往 WTO 總部舉行推介記者會。該報告重點在陳述大陸對世界經濟的貢獻和積極落實自由貿易的理念。

報告指出，在貨品貿易降稅方面，大陸於 2010 年就已完全履行承諾，關稅水準從 2001 年的 15.3％降至 9.8％；

2015 年加權平均關稅則已達 4.4％，和美國的 2.4％、歐盟的 3％相差不遠。服務貿易方面，至 2007 年，100 個服務業分部門已依承諾開放，履行完畢。投資市場准入方面，過去 5 年大陸兩次修訂《外商投資產業指導目錄》，外商投資限制性措施縮減 65％，禁止類項目只剩 28 個。另外，大陸是 120 多個國家和地區的主要貿易夥伴，對世界經濟成長平均貢獻率接近 30％。

但是大陸所做的努力似乎並未獲美國滿意。美國駐 WTO 大使丹尼斯‧謝伊（Dennis Shea）2016 年 6 月 26 日於 WTO 總理事會呼籲，自 2001 年加入 WTO，大陸始終沒有朝著全面性接受以市場為基礎的政策和作為，政府在經濟活動扮演的角色不斷加重。在發展「社會主義市場經濟」的前提下，政府和中共持續經由政府所有權、對關鍵經濟主體的控制與政府指令等途徑，直接、間接控制資源的分配，持續控制或影響土地、勞動力、能源及資本等生產要素的價格。此外，大陸經由產業政策向國內目標產業提供大量補貼，導致市場扭曲、產能過剩，透過出口傷害全球經濟、產品價格下跌、供應過剩，例如鋼鐵、鋁、太陽能等。

USTR 年度報告

事實上，自大陸加入 WTO 之後，美國貿易代表署（USTR）每年都要向國會提交《中國履行 WTO 承諾情況報告》（Report to Congress on China's WTO Compliance），對大陸落實 WTO 承諾的情形持續表示不滿，在 2017 年度的

報告就指稱美國犯了支持大陸加入 WTO 的錯誤（註7）。2018
年度的報告（註8）認為大陸貿易政策和措施對多邊貿易體系
構成獨特且嚴峻的挑戰，列舉了大陸違反 WTO 規則的案
例，指責大陸執行國家主導的重商主義經濟和貿易政策，不
僅違背 WTO 會員的期待，同時違反大陸的承諾：

1. 儘管大陸一再承諾不對美國公司強行技術移轉，大陸
   仍舊通過市場准入的限制、錯誤使用行政程序、許可
   規定、資產採購、網路與實體竊取等途徑做同樣的
   事。

2. 大陸承諾在 2006 年開放電子支付服務市場，此項承
   諾在 2012 年由美國發動控訴而經 WTO 爭端解決小
   組裁決確認。但直到今日，事實是仍然沒有外國電子
   支付服務公司在大陸國內市場從事業務。

3. 儘管 WTO 協定明文禁止，但在過去 20 年期間，大
   陸在汽車、紡織、尖端材料、醫療產品和農產品等各
   產業部門普遍採用出口和進口替代補貼。

4. 大陸一再承諾對於農業生物技術產品的申請，會以及
   時的、持續的及以科學為基礎的方式審查，但是大陸
   監管機關持續在沒有科學依據的情況下緩慢的審查申
   請案，大陸公司則繼續在農業生物技術領域建立他們
   的能力。

5. 大陸重複的在原材料方面實施非法出口管制，例如出
   口配額、出口許可、最低出口價格、出口關稅和其他
   限制，利用這些出口管制使其廣泛的下游廠商取得重

大的成本優勢，相對的犧牲了外國生產者，因此對外
國生產者產生了將其營運、技術和工作轉移到大陸的
壓力。

2020 年所提出的 2019 年度報告^(註9)也明確指出：大陸
的非市場經濟讓 WTO 會員遭受重大損失，例如政府補貼造
成全球鋼鐵和鋁材產銷扭曲，大陸當局依仍阻礙外資進入服
務業，以及強力干預國內產業造成內、外資企業不公平競爭
等；宣稱在接下來的美中貿易談判將要求中方作出更多結構
性的改革，確保知識產權、技術轉移和服務市場准入等問題
能獲得解決。

由美國歷年來的報告，顯示美國政府對大陸政府的補
貼、國內市場的貿易障礙、自國外取得技術及知識產權保護
等持續處於極度不滿的狀態。

有關大陸控告歐盟的案件，WTO 爭端解決小組於 2019
年 4 月完成爭端初步裁決報告並交給當事國檢視，裁決結果
認定大陸不能主張在 2016 年 12 月 11 日自動取得「市場經
濟地位」。據此，中方於 5 月向 WTO 要求暫停司法程序，
爭端解決小組立即接受並中止此案。於是，繞了一大圈，大
陸仍舊回到「非市場經濟地位」。

對大陸撒下天羅地網

由於對大陸未完全履行入世承諾甚為不滿，美國政府
（尤其是川普總統所領導的政府）對大陸從多邊、雙邊、單

邊等不同層次政經關係展開各種攻勢，企圖改變大陸的經貿體制。美國所採取的經貿措施主要有：

1. 推動 WTO 改革；
2. 雙邊或區域自由貿易協定防堵孤立大陸；
3. 單邊公布「發展中國家」名單，排除大陸；
4. 提高進口關稅與相關措施；
5. 實施出口管制實體名單（Entity，簡稱 EL）；
6. 擴大外人投資審查會（CFIUS）審查範圍；
7. 禁止聯邦機構及承包商採購特定企業、特定產品與服務。

推動 WTO 改革

WTO 畢竟是一個當今由全球 164 個國家和經濟體組成的組織，維持著全球的貿易秩序和穩定，對解決貿易爭端、促使世界貿易往來自由運行等，有其貢獻和作用，也是過去美國所全力支持的多邊組織。

但是這組織和其相關規則，自 1995 年由關稅暨貿易總協定（GATT）演化以來，經歷 2008 年杜哈回合談判失敗，迄今 20 多年，各環境層面已產生重大變化，全球經貿治理架構確實有其改革的必要。2018 年 WTO 各會員所討論的重點在 WTO 改革的原則、方向及其必要性，致力尋求共識；2019 年則圍繞著幾個特定議題更為具體的開展，終於看到各會員南轅北轍的歧異點。

美國的主張

為了取得主導地位，2019 年美國在 WTO 改革議題上發動攻勢，1 月提交有關發展中國家及特殊與差別待遇（Special and Differential Treatment，簡稱 S&DT）改革方案；2 月美國再度提交了《總理事會決議草案：強化 WTO 協商功能的程序》，建議取消四類會員的發展中國家地位及特殊與差別待遇。

發展中國家的身分及特殊與差別待遇，是 2019 年 WTO 改革的焦點，也是爭議較多、較大的議題，因為 S&DT 的要旨是賦予發展中成員特殊待遇，目的在扶持發展中成員經貿發展，規定已開發成員提供優惠待遇。依據 2018 年 WTO 有關 S&DT 報告，發展中成員可以享受 155 條優惠待遇，計分為六大類：

1. 增加發展中成員貿易機會的優惠；
2. 維護發展中成員利益的規定；
3. 承諾、行動和貿易政策工具的靈活運用；
4. 有關過渡期的規定；
5. 有關技術援助的規定；
6. 有關發展落後國家的優惠。

美國建議取消適用發展中國家地位及 S&DT 的四類會員為：（1）OECD 會員或 OECD 國家，（2）G20 成員，（3）符合世界銀行認定標準是高所得國家，（4）在全球出口占比達 0.5% 及以上的國家。

到了 3 月，美國 USTR 向國會提交的 2019 年貿易政策議程和 2018 年年度報告，從四個方向提出有關對 WTO 改革的建議：

1. WTO 必須因應來自非市場經濟意料之外的挑戰；
2. WTO 爭端解決必須充分尊重會員主權政策；
3. WTO 會員必須被強制要求遵守告知義務的規定；
4. WTO 對發展處理必須因應全球貿易狀況做調整。

川普總統在 7 月更發表了《改革世貿組織發展中國家地位備忘錄》，宣稱已指示 USTR 用盡一切可能手段，防止加入 WTO 時自我聲明為發展中國家，但缺少適當指標可資佐證者，繼續利用 WTO 規則謀取利益。

對於美國的主張，許多現今是發展中國家的成員紛紛表達了不同意見，這在大陸、印度、非洲集團和其他發展中成員聯合簽署的一些改革建議中可以看到。

中國大陸的反擊

大陸是 WTO 最大發展中經濟體，當然是美國的頭號目標。對大陸而言，自加入 WTO 近 19 年，經過盤點，在 S&DT 中對其尚具有實質意義和功能的有 50 多條款，包括技術援助的權利義務、補貼政策靈活性與降低貿易障礙承諾等非對等性特權，因此大陸在 WTO 極力聯合其他發展中成員捍衛立場。

2019 年 3 月 9 日，大陸商務部長在記者會中提出對

WTO 改革的「三項原則」、「五點主張」。三項原則的第一項是要維護多邊貿易體制非歧視和開放的核心價值，即堅持最惠國待遇、國民待遇和不任意限制貿易；第二個原則是保證發展中成員的發展利益，給予發展中成員政策靈活性與空間；第三原則是遵循協商一致的決策機制，不許強國說了算。

五點主張之一是要維護多邊貿易體制的主體地位，不可以新名詞、新表述等偷換概念而削弱多邊貿易體制的權威性；二是應優先處理危及 WTO 生存的關鍵問題，如上訴機構成員遴選的問題；三是應解決貿易規則的公平問題和因應時代需要與時俱進，如電子商務、投資便利化等；四是保證發展中成員特殊與差別待遇，維護其發展權；五是尊重 WTO 成員各自發展模式，堅持多邊貿易體制的包容性。

到了 5 月 13 日，大陸向 WTO 遞交了《關於 WTO 改革的建議文件》，分 4 個大項 12 領域提出改革主張。第一大項是解決危及 WTO 生存的關鍵問題，包括突破上訴機構成員遴選的僵局、限制濫用國家安全作為排除理由及不符合 WTO 的單邊措施等。第二大項是增加 WTO 在全球經貿治理中的相關議題，如強化農業領域的紀律、推進電子商務議題的談判等。第三大項是提高 WTO 的運作效率，包括加強成員通報義務的履行、改進 WTO 的工作等。第四大項是強化多邊貿易體制的包容性，尊重成員不同的發展模式。

美、日、歐聯手

在 WTO 的內部為了捍衛不同的利益，經常會出現為不

同議題進行不同的拉幫結派。針對補貼議題，美國、日本和歐盟在 2020 年 1 月 14 日發表聯合聲明，提出 WTO 補貼規定六大改革建議：1. 增列禁止性補貼類別；2. 有條件禁止具負面效應的補貼；3. 增列補貼影響他國產業產能的情況；4. 提高補貼通知的效率；5. 明確規定補貼率的計算基礎；6. 明確規定透過國營企業提供的補貼。由該建議內容可知，美、日、歐聯合主要是針對大陸而來。

美、日、歐盟為何對補貼這麼重視？主要因為一般認為對企業補貼在大陸相當普遍，造成不公平競爭。根據金融數據資料商 Wind 的統計，大陸政府對上市公司的補貼金額在 2018 年達 1,538 億人民幣，約合 224 億美元，相當上市公司總淨獲利 3.7 兆人民幣的 4％；補助額超過 10 億人民幣的上市公司有 12 家，獲補助最大的是中國石化公司，補助高達近 75 億人民幣。

但是 WTO 的體制在決策方面是採行一成員一票制，各成員權利相等，全部投票成員達成共識才可對規定修改，任何成員都具有否決權；而隨著 WTO 成員的增加，成員涵蓋已開發、開發中及開發落後各類型經濟體，利益複雜，形成共識的困難度跟著上升，因此有關 WTO 的改革之路肯定是遙遠、漫長。

自由貿易協定暗藏毒丸條款

WTO 多邊之外，在雙邊方面，前總統川普打掉美、加、墨三國前於 1994 年簽署生效具 25 年歷史的《北美自

由貿易協定》（NAFTA）而重啟談判；經過一年多的努力，三國領袖在 2018 年 11 月 30 日重新簽署了《美墨加協定》（USMCA）。

USMCA 的第 32 章放了一條美國精心設計、絕無僅有的排他性條款，依據該章第 10 條規定：「如果 USMCA 國家想和另一個非市場經濟國家洽簽自由貿易協定，而該國並未和 USMCA 其他任一國家簽署自由貿易協定，則需在啟動談判前三個月通知另外兩國，另需在簽署前至少 30 天將擬簽署文本提交給其他兩國審閱，以評估其對 USMCA 會產生什麼影響。在與非市場經濟國家簽署自由貿易協定後的六個月內，另外的 USMCA 成員可選擇退出 USMCA。」

此條款目的明顯在約束加拿大和墨西哥兩國與非市場經濟國家簽署自由貿易協定，對象就是針對大陸。除了防堵加、墨與大陸成立自由貿易區外，因加、墨兩國都已參加了跨太平洋夥伴全面進步協定（CPTPP），順帶增加了大陸未來加入該協定的困難度。如果美國把 USMCA 第 32 章作為日後與其他國家簽署自由貿易協定的典範，等於阻礙了美國自由貿易協定的夥伴與大陸洽簽協定之路，因此達到孤立大陸的目標。

當時美國商務部長羅斯稱此條款為「毒丸條款」（poison pill）。從此，美國毒丸就以各種方式潛藏在對大陸相關的政策措施。例如 2022 年美國國會通過《晶片法案》，類似的毒丸條款就夾帶在其中，對接受美國補助的企業限制其 10 年內不可在敵對國家投資或擴充先進半導體製造，把雙邊關係

延伸到對第三方的關係，此第三方指的就是中國大陸。

單邊片面公布「發展中國家」名單

WTO 成員中依據其經濟發展程度的差異可分為已開發國家、開發中國家及發展落後國家，相對於已開發國家，後二者在關稅、補貼等方面都享有較高不同程度的優惠。

2020 年 1 月 22 日，美國川普總統在瑞士達沃斯宣稱，美國將採取重大行動推動 WTO 改革，並且表示美國長期以來和 WTO 在一些議題上爭論不休，重點在於大陸、印度等被認定是發展中國家，享受 WTO 架構下龐大的優惠待遇。

例如在補貼方面，依據 WTO《補貼與反補貼措施協議》，發展中及發展落後成員在「微量補貼」和「可忽略進口數量」都享有較寬鬆的標準。微量補貼方面，對於已開發國家，如果進口產品受補貼金額低於該貨品從價稅的 1％而符合微量補貼原則，進口國應終止反傾銷稅調查；但對象若是開發中國家或發展落後國家，則不受調查的門檻分別提高為 2％和 3％。

但什麼是「發展中國家」，在 WTO 的前身 GATT 就未有量化的定義，通常是加入 WTO 時由會員自己申報是否以發展中國家身分加入，一旦自我申報是發展中國家且被通過，就一直維持著該身分，這就是為何當前某些高所得的國家仍被列為發展中國家的道理。

大陸是 2001 年以「發展中國家」身分加入 WTO，有權利享受其優惠待遇，美國本應在從事反補貼調查時將之遵

照對發展中國家的待遇處理，但是美國另依據其《1930 年
關稅法》授權貿易代表訂定適用反補貼標準國家名單，1998
年 USTR 公布了「暫時最終規則」（interim final rule），列
舉在美國進行反補貼程序適用微量補貼和可忽略進口數量門
檻的 WTO 成員，當時大陸尚未加入 WTO，因此未被列入
名單。

甩棄多邊體制

　　而對於大陸這全球第二大經濟體、第一大出口和第二大
進口國，美國對其未履行加入 WTO 承諾卻能長期享受「發
展中國家」地位的優惠早就極為不滿，因此 USTR 於 2020
年 2 月 10 日修改 1998 年清單版本，發表新的「發展中國家
清單」，大陸、印度、印尼、越南、巴西、保加利亞等都不
在清單之內。該清單採行了美國所訂的不屬於「發展中國
家」的標準：（1）人均國民所得超過世界銀行設定的高收入
國家標準 12,375 美元；（2）G20 成員國；（3）OECD 會員國；
（4）歐盟會員國；（5）出口額超過全球總出口的 0.5%；（6）
加入 WTO 時沒有自我申報「發展中國家」的會員國。

　　依據前述六大負面表列條件，等於美國把 WTO 所稱
的「發展中國家」範圍予以大幅度限縮，也等於美國甩掉了
WTO 多邊架構而奉行單邊主義。美國為何一面推動 WTO
改革、另手拋棄 WTO 規則？這當然是符合川普反覆無常的
個性，也和美國經常搞兩面手法有關。另外，美國 USTR 公
布《2019 年度中國履行世貿組織承諾情況報告》時指出：

考慮到中國大陸從當前的經濟體制中受益的程度，想要單靠談判新的 WTO 規則迫使大陸改變行為是不實際的。可知美國甘冒破壞多邊體制的大不韙，高舉「美國優先」的大纛，倡導國家主義，企圖自行採取保護本國利益的行動是其來有自。

提高進口關稅與相關措施

在貿易有關措施方面，提高進口關稅與配額等是較能產生立竿見影的效果，也是一般國家較常採行的措施，美國採用的法律依據有數種。

2018 年 1 月，川普總統簽署文件，對進口的洗衣機及太陽能電池與模組加徵關稅，其依據是《貿易法》第 201 條。依據該條文規定，如果因為進口增加導致對美國產業造成嚴重損害或有損害之虞，可向國際貿易委員會（ITC）提出。該條文是根據 WTO 的 GATT 第 19 條及防衛協定（Safeguard Agreement）而立，當某項貨品因進口數量大增而損害或威脅到本國產業時，政府可對該貨品採行防衛措施，藉著提高關稅、設定關稅配額或採行數量限制等因應措施限制進口以保護產業。

另一項措施是美國商務部於 2017 年 1 月依 1962 年《貿易拓展法》第 232 條以國家安全為由對自國外進口的鋼鐵進行特別調查，2018 年 3 月 8 日川普政府公告，對進口鋼鐵產品徵收 25%關稅、鋁產品徵收 10%關稅，於 23 日生效；但嗣後有些國家獲得豁免，包括澳洲、加拿大、墨西哥、歐

盟，以及採用配額措施的阿根廷、巴西、南韓。

該 232 條款的法源來自 WTO，WTO 法規裡設有「例外」的安排，依據 GATT 第 21 條款的「安全」例外的規定，在某些情況如國安考量下，成員可以不遵守 WTO 的規範。因此，大陸雖於 3 月 5 日在 WTO 爭端解決機制下向美國提出協商要求，立遭美國拒絕，認為該 232 條規定係基於美國國家安全威脅的補救措施，不屬於 WTO 規範的範疇。

殺傷力強大的報復與制裁

和前述法律相較，美國較常使用的依據是 301 相關條款，美日貿易戰時，美國就已經常採用。如第二章所述，301 條款來自美國 1974 年制定的《貿易法》，當美國企業在國外從事經貿活動時，遇到不公平、不合理或歧視性待遇，授權美國總統與實施不公平待遇的國家談判，如果談判不成，可以進行貿易制裁。

嗣後隨著美國貿易逆差持續上升、國內保護主義抬頭，以及科技產業快速發展知識產權扮演重要角色，美國會於 1988 年對該法提出《綜合貿易與競爭法》修正，在原先 301 條款基礎上另立以保護知識產權及知識產權准入等為主的條文置於第 182 條，通稱為「特別 301 條款」。依據規定，USTR 必須就各國對保護知識產權的狀況每年提出《特別 301 報告》，將各國分為「優先指定國家」、「優先觀察名單」與「一般觀察名單」，在公告後六個月內對優先指定國家展開調查並進行協商；若未能達成協議，USTR 可對該國

家採行貿易報復措施。至於被列於優先觀察名單和一般觀察名單的國家則不會被要求諮商或立即報復，除非美國認定其有嚴重違反保護知識產權的行為。

保護知識產權方面還有一條更嚴厲的規定，依據《貿易法》第 306 條，授權美國政府在監督各貿易夥伴執行知識產權相關協議時，如發現對手國未能予以忠實落實，可將其列入「306 條監督名單」，在不經過調查和談判的情形下直接進行報復措施，威脅性和殺傷力比被列入優先指定國家更大。

另外針對國家而非針對特定產品，涵蓋所有不公平貿易障礙如出口獎勵、進口關稅、出口實績要求、勞工保護法令、非關稅措施等，《綜合貿易與競爭法》對原法第 310 條進行補充，俗稱為「超級 301 條款」（Super 301），受調查國家可先和美國進行談判，或是採行減少出口或是限定出口價格等措施因應；如果談判不成，美國政府會以撤銷貿易優惠、大幅提高關稅等措施作為報復。

依據 USTR 向美國總統和國會所提出的《國家貿易評估》（NTE）年度報告，其所謂貿易障礙大體分為 10 大類：

1. 進口政策：關稅及其他進口費用、數量限制、進口許可等；
2. 衛生與檢疫措施，以及貿易技術性障礙；
3. 政府採購：如購買國貨、閉鎖式招標等；
4. 出口補貼：如優惠條件出口融資、取代美國在第三國家市場出口的農業出口補貼等；

5. 欠缺知識產權保護：專利、著作權與商標法制與知識產權執行的不足；

6. 服務障礙：對外國金融機構所提供的服務範圍的限制等；

7. 投資障礙：如外資比例限制、自製率規定、技術移轉要求等；

8. 政府容許的國營企業或私營企業的反競爭行為，限制了美國產品或服務在外國市場的銷售或購買；

9. 數位貿易障礙：影響數據流（data folw）、數位產品跨境的限制性與歧視性措施、網路服務等；

10. 其他障礙：一些跨類別的障礙，如賄賂、貪腐等。

除了強化原《貿易法》的內容外，修正後法案將實施貿易報復或制裁的權力由總統職權下放到 USTR，使談判權和執行權二者合一，顯著提升 USTR 對外談判的威嚇力量及執行效率。

美中貿易戰進入白熱化

川普於 2017 年 1 月就任總統後，就盯上中國大陸。

2018 年 1 月，川普政府對自大陸進口的太陽能板、洗衣機加徵關稅及進口配額。同年 3 月 8 日，要求大陸提出減少貿易順差 1,000 億美元的計畫；到了 3 月 22 日，美國宣布：依據《貿易法》301 條對從大陸進口的約 1,300 項產品，包括高科技產品在內，總價約 500 億美元，加徵 25％關稅。

隔日，大陸宣稱已準備好將對自美進口的 106 項貨品徵收 25％的關稅。對於大陸立即採取的回應，川普指示 USTR 擴大加徵關稅的範圍，雙方形成劍拔弩張的對峙，逐步由個別貨品進入全面貿易戰的態勢。直至 2019 年下半，雙方你來我往，時進時止。

關稅戰開打

　　於 2018 年 7 月，美國對自大陸進口價值 340 億美元貨品加徵 25％關稅，大陸也對自美國進口的 340 億美元貨品加徵 25％關稅。

　　隔月，美國又對大陸 160 億美元貨品加徵 25％進口關稅，大陸也報復對自美進口 160 億美元貨品加徵 25％關稅。

　　9 月，川普政府對大陸 2,000 億美元貨品加徵 10％關稅，大陸也對美國 600 億美元貨品分別加徵 5％、10％關稅。但美國又於 2019 年 5 月 10 日將該 2,000 億美元貨品加徵的 10％關稅提高至 25％，大陸隨後於 6 月 1 日將 600 億美元貨品加徵關稅提升至最高 25％。

　　6 月 13 日，川普政府宣布要將大陸另外 3,000 億美元貨品加徵 25％關稅，但川普和習近平二位在沖繩見面後達成停止貿易戰共識，6 月 29 日宣布停止前項行動。到了 8 月 1 日，美方再次宣布 3,000 億美元貨品部分於 9 月 1 日加徵 10％，部分延至 10 月 15 日實施。到了 9 月 1 日，美方實施第一批約 1,200 億美元的陸方貨品加徵 15％關稅，其他則預定 12 月 15 日實施。而陸方則於 8 月 23 日宣布美方約

451 億美元貨品分別於 9 月 1 日、12 月 15 日加徵 5％、關稅 10％。

美中經濟貿易協定

美中雙方一方面持續打著貿易戰，另方面則進行貿易談判，終於 2020 年 1 月 15 日簽署《美中經濟貿易協定 》（Economic and Trade. Agreement Between the U.S. and China），終止近一年半的貿易戰，該協定於 2 月 14 日實施。

美中雙方所達成的協議主要內容包括陸方承諾接下來 2 年擴大進口美國商品及服務，採購規模至少比 2017 年增加 2,000 億美元，其組合有：農產品 320 億美元、能源產品 524 億美元、飛機、汽車、鋼鐵及機械等貨品 777 億美元，以及雲計算、金融、旅遊等服務 379 億美元。陸方並承諾加強對知識產權保護、開放金融服務市場、阻遏強制技術轉移、去除農業貿易障礙、減少貨幣操縱等。該協定最令人意外的是並未取消歷次雙方所實施的懲罰性關稅措施，與外界的期待並不相符。

關稅方面，美國自 2 月 14 日開始將自大陸進口大約 3,200 項價值 1,200 億美元貨品懲罰性關稅從 15％下降為 7.5％，大部分是消費性電子產品和服裝。陸方則於同時間將石油、化學品、大豆等約 1,700 項 750 億美元貨品報復性關稅分從 10％降為 5％、5％降至 2.5％。

到了 2 月 14 日，美國宣布成立雙邊評估和終端解決辦公室，監督協議落實執行情形。

高額懲罰性關稅

依據彼得森國際經濟研究所（Peterson Institute for International Economics，簡稱 PIIE）的研究[註10] 指出，美中之間的貿易戰從 2018 年初到 2020 年 2 月 14 日實施經濟貿易協定，關稅變化可約略分為五個階段。2018 年前 6 個月雙方關稅僅是小幅度變動，美方平均關稅從 3.1％略微提升到 3.8％，中方則從 8.0％降為 7.2％；7 月到 9 月雙方關稅均大幅上漲，美國平均關稅從 3.8％提高到 12.0％，中方則從 7.2％增加到 18.3％；9 月到 2019 年 6 月，美方大致維持在 12％的水準，中方則有小幅波動下調至 16.5％，算是戰火稍緩時期。

6 月之後，雙方又將關稅上拉，美方調高至 17.6％，中方提升到 20.7％；此後到 2020 年 2 月 14 日經濟貿易協定實施前，美方關稅大致在 21.0％水準，中方則是先提高到 21.8％，再逐步降為 20.9％。至經濟貿易協定開始實施，美方對陸方平均關稅為 19.3％，陸方對美方則為 20.3％。因此和貿易戰前相比，美方平均關稅增加了 5 倍，中方則增加 1.5 倍。

到了 2022 年，美國當地時間 3 月 23 日貿易代表署宣布：重新豁免對大陸 352 項進口商品加徵關稅，將適用於 2021 年 10 月 12 日至 2022 年 12 月 31 日之間自大陸進口的商品。這些豁免項目包括泵和電動機等工業零件、部分汽車零組件和化學品、背包、自行車、真空吸塵器和其他消費品，於前總統川普時代被加徵了 7.5％至 25％的懲罰性關稅；大陸則

希望美國全面取消對中國大陸的加徵關稅。

2022 年 5 月 3 日，美國貿易代表署進一步宣布，將開始進行重新評估對中國大陸追加關稅的部分，因為川普政府時代 2018 年 7 月 6 日和 8 月 23 日兩次對中國大陸總價值 500 億美元加徵 25％關稅，迄今已近 4 年，依照美國法律規定，加徵關稅應在開徵後 4 年重新評估，此時正值高通膨時期，呼籲降低關稅的聲音愈來愈高。

貿易戰聚焦科技領域與國家安全

除了運用關稅來壓制中方經濟發展，美國也從國家安全角度對中國大陸展開一連串制裁。

實施出口管制實體名單

所謂「出口管制實體名單」（EL）是依美國《出口管理條例》（EAR）而來，主管機關是商務部，其目的為基於國家安全、防止核武擴散、反恐等，告知美國出口商：在將含有美國元素（如在美國製造、運用美國技術直接生產等）而達到某些「門檻」條件的技術、軟體、原材料、零組件、設備等商品出口到被列入實體名單的對象（包括國家、企業、個人）時，需要取得美國政府出口或再出口（re-export）許可證；前項內含「門檻」若對象是一般國家為 25％，若是恐怖主義支持國家（伊朗、北韓、敘利亞、蘇丹）則降為 10％，但一般而言取得許可的可能性並不高。

2018 年 8 月 1 日，美國一口氣將大陸 8 個實體及其下所屬 36 個機構列入 EL，管制美國供應商向這些機構或企業出口技術或產品，這些機構包括中國航天科工集團、中國電子科技集團、中國技術進出口集團等。在此之前，較為知名的是 2017 年大陸中興通信公司因違反美國對伊朗和北韓的出口禁令而受到處罰；2018 年該公司因再度違反禁令而被列入拒絕交易對象清單（Denied Persons List），與實體名單相比，前者更為嚴重，凡被納入者排除有所謂「例外」的理由。同年 10 月 30 日福建晉華集成電路也被列入清單，禁止美國企業向該公司出口產品與技術。

　　到了 2019 年 5 月 15 日，華為及其 68 家附屬企業也被商務部列入實體名單，禁止在未經美國政府核准下，從美國企業取得零組件及技術。截至此時，大陸已有 130 多家企業和個人被納入實體清單。

　　6 月 22 日，商務部繼續公布了無錫江南計算研究所及幾家參與超級計算機軍事應用的大陸企業：中科曙光、成都海光集成電路等都列入管制名單。8 月，大陸最大核電廣核集團及其 3 家附屬公司、與華為有關的 46 家企業和研究機構等也因國安理由被列入黑名單。

　　10 月 8 日，商務部再公布將大陸 20 家政府機關和 8 家企業列入實體名單，包括海康衛視，理由是協助大陸政府在新疆地區對穆斯林建立臉部識別系統進行人權侵犯行動。

　　合計自 2016 年 3 月中興通信案到 2019 年年底，大陸被美國制裁的機構和企業超過 200 家，涵蓋通信設備、個人電

腦、半導體、核電以及初創企業。

出口管制實體名單對大陸的衝擊有大有小，視情況而定。對於一家新設立的半導體製造公司，如果沒有了美國生產設備、生產技術、IC 設計工具（EDA）、原材料等，根本是寸步難行。美出口管制實體名單雖是針對所有國家，但大陸是頭號大戶，影響也最大。

對於美國積極的手段，大陸也相對採行因應行動。2019年 5 月 31 日，大陸商務部對外表示，將依據相關法律規定建立「不可靠實體清單」制度，對不遵守市場規則、不尊重契約精神、出於非商業目的對大陸企業實施封鎖或斷供、嚴重損害大陸企業利益的外國企業、組織或個人，將列入不可靠實體清單。嗣後大陸於 2020 年 9 月公布了《不可靠實體清單規定》，制定了「具有威脅國家安全與有損中國商業利益的外國公司黑名單」。

其後，大陸為了反制美國一連串的制裁措施，商務部進一步於 2021 年公布《阻斷外國法律與措施不當域外適用辦法》予以反擊。依此辦法，經大陸官方認定有關外國法律與措施確有存在不當域外適用情形者，可由主管機關發布不得承認、不得執行、不得遵守的禁令。該辦法與之前公布的《不可靠實體清單規定》相輔相成，構成了對他國法律、措施與實體的不當適用與違法行為的因應規範。

擴大外人投資委員會審查範圍

對外投資，尤其採併購方式，是快速取得技術、智慧財

產權和市場的重要手段。大陸的產業發展自始就是以從外引進技術為主，而後隨著經濟的成長逐漸產生對外投資的能力和需要。

依據 Rhodium Group 諮詢公司的研究報告^{（註11）}，從 1990 年至 2020 年大陸對美國的直接投資（FDI）達 1,755.2 億美元，年度投資於 2010 年開始快速成長，從 45.7 億美元增長至 2016 年達最高點 464.9 億美元；後因美中貿易摩擦進入貿易戰，2018 年跌至 53.9 億美元。近 30 年大陸的對美投資中以併購為主，占了 87％，對新設企業的投資僅占 13％；國企投資占 29％，民企占 71％；控股占 76％，參股占 24％。以此投資結構自然引起美國政府的關注，特別是一些重要科技且併購金額龐大的投資案，涉及國家安全、產業競爭。

在投資案審查方面，美國主要由「外人投資委員會」（The Committee on Foreign Investment in the United States，簡稱 CFIUS）把關。CFIUS 是一個跨政府機關的組織，委員包括國防部長、國土安全部長、國務卿、商務部長、美國貿易代表、能源部長、司法部長、白宮科技政策辦公室主管、財政部長，主席則由財政部長擔任，另有 5 位幕僚以觀察員身分參與審查。

CFIUS 成立於 1975 年，當時是依據美國福特總統命令而設立，為一幕僚或諮詢組織，由財政部主管，主要任務是對外國在美國的投資案進行研究，並可對投資案提出修正建議。但到 1980 年代，日本對美國投資掀起風潮，特別是

日本富士通公司對美國快捷半導體公司的併購案引發美國會在 1988 年通過《埃克森 - 佛羅里奧修正案》（Exon-Florio Amendment），授權總統可以暫停或禁止某些外國投資案，CFIUS 開始承擔更大的外人投資監管任務。

到了 2007 年，美國通過《外國投資與國家安全法案》（FINSA），擴大 CIFUS 的審查範圍，將外國政府控制的企業對美國企業其產品與服務涉及國家安全、重要基礎設施等的併購案均列為審查對象，進一步擴大 CFIUS 的審查範圍、提高委員會決策的透明度及提供國會的監督。

傳統上，CFIUS 審查的對象侷限在與國家安全有關的科技產業和基礎建設，同時採行自願申報制，至於是否需要申報取決於該投資案是否涉及國家安全。投資案若進行申報，則有規定的申報流程；如果 CFIUS 認為該投資案有損及美國國家安全的可能，會直接予以否決或者要求提出修正補救方案，最終 CFIUS 還可將投資案交給總統決定是否禁止該投資案的進行。如果投資案未申報，則會冒著日後遭 CFIUS 進行獨立調查強制提交文件的風險。

強化外資併購審查法規

由於大陸對美國投資併購案於 2016 年來到高峰，引起美國產業界和政府的恐懼，既有的外人投資審查制度似已無法因應環境重大變遷後的需要。2018 年美國防部的國防創新實驗小組（DIUx）公布了一份《中國技術移轉策略》[註12]的報告，認為大陸利用美國外人投資有關規定的不足，持續

滲透人工智慧、自動駕駛和機器人等尖端科技，相關的技術甚至可以運用於軍事領域，提醒美國政府對於這些敏感性技術的移轉應嚴加管控，尤其是對於幾乎不受重視的創投風險性投資。

凡此種種，促使美國會於 2018 年 6 月通過《外人投資風險審查現代化法案》（FIRRMA）；依此，美國財政部於 2020 年 1 月發布了執行 FIRRMA 的最終法規，2 月 13 日生效。

財政部公布的最終法規包括了兩部分，一是針對房地產的交易，另一適用於其他交易，後者總的來說，涵蓋關鍵技術（T）、關鍵基礎設施（I）和敏感性個人資料（D）三者，簡稱 TID：

　　——**關鍵技術（T）**：受到出口管制及其他現有管制規定的關鍵技術，以及《2018 出口管制改革法案》管制的基礎技術。

　　——**關鍵基礎設施（I）**：例如電信、公用事業、能源與運輸，以及擁有、營運、製造、供應或服務最終法規附錄所列舉的關鍵基礎設施的事業。

　　——**敏感性個人資料（D）**：包括 10 類的資料，如財務，地理位置、健康數據等，這些資料以可能危及國家安全的方式被使用。

至於房地產方面，包括了靠近機場、港口等關鍵基礎設施，以及因靠近政府設施而使該設施暴露在被外國政府監視的風險的房地產。

除了受審查的範圍擴大，重要的是對於受管制的對象 CFIUS 不再是處於被動的地位，可要求投資案必須向 CFIUS 申報或提交文件，並且強化了執行的權力和處罰，包括撤案、撤資、民事處罰等。

另外，最終法規要求美國企業及其律師就投資、融資、併購或合資機會進行交易前的早期盡職調查，確定是否涉及關鍵技術、關鍵基礎設施、敏感性個人資料、關鍵房地產等。

此外，2018 年 6 月 FIRRMA 通過後，8 月川普總統簽署的 2019 國防授權法案（NDAA）就將 FIRRA 納入其內；該授權法案是一部規定美國國防部在 2019 年的預算、支出及政策，總額達 7,170 億美元。

美國的修法帶動了日本和歐盟的行動。為防止技術外流，日本於 2019 年 10 月 18 日通過《外匯和外國貿易法》修正案，將原來外資取得企業 10％以上股權須申報的門檻調降為 1％，並擴大敏感產業的類別，對該等案件日本政府有權要求變更或中止。德國聯邦內閣則於 2018 年 12 月 19 日核准了《對外經貿法執行條例》修正案，將非歐盟投資者對敏感德企的收購股份達 25％須經審查的門檻降到 10％。

總統否決外企併購案

執法方面，2017 年 9 月，川普下令禁止峽谷橋資本公司 Canyon Bridge Capital Partners LLC）併購美國萊迪斯半導體公司（Lattice Semiconductor），這是他上任以來第一次

收到的企業併購案，也是 27 年來送到總統的第四個企業併購交易案。

CIFUS 之所以對該案有意見，是因峽谷橋公司為具有中資背景的全球私募股權收購基金，而萊迪斯公司主要業務是生產可程式邏輯晶片，應用於電腦、通信、工業、軍事領域。基於國家安全理由，CIFUS 予以否決，萊迪斯公司又把計畫書遞交到了白宮審批。

2017 年 11 月，科技界發生了一件舉世注目的併購案，本身是無廠半導體公司，產品包括有線和無線通信設備的博通公司擬以 1,000 多億美元併購全球最大手機晶片商高通公司。博通公司總部設於新加坡，且和大陸聯想、華為都有合作關係，一旦收購成功，將成為全球最大無線通信技術供應商，不僅對英特爾造成競爭壓力，而且影響美國在 5G 通信戰場的地位；特別是無線通信產業具有國家安全的考量，高通還是美國軍方設備的承包供應商，因此川普政府於 2018 年 3 月 12 日頒布行政命令，以保護國家安全為理由，禁止了博通對高通的併購案。

除了被動的對外資併購案予以准駁外，2020 年 3 月，川普下令一家大陸公司北京中長石基出售其對美國酒店物業管理軟體公司 StayNTouch 的所有權，理由是有損美國國家安全；很多美國酒店和賭場使用 StayNTouch 的系統管理財產，美國監管機構擔心類似併購案會損害美國人民的隱私權。換言之，川普總統強化了大陸收購美國企業的國安風險審查，這也是川普上台後第三次以國家安全為由否決外國企

業對美國企業的併購案。

外國公司問責法案

2020 年 4 月大陸在美國上市的瑞幸咖啡公司爆發近百億業績造假事件，川普政府立即通知養老基金停止投資中國大陸企業股票，參議院也提出《外國公司問責法案》（The Holding Foreign Companies Accountable Act）修正案，要求在美國交易所掛牌上市的外國公司必須符合美國的審計和監理標準，否則將面臨下市一途。雖然該修正案表面上是針對所有外國企業，實質上目標是鎖定在美上市的近 250 家大陸企業，在美國監管機關未獲取審計文件的上市公司中，大陸占比就超過 9 成。該修正案於當年 12 月 2 日獲眾議院通過，紐約証交所隨即於 31 日將中國移動、中國電信及中國聯通香港等 3 家大陸電信公司摘牌下市，並禁止美國人投資具有大陸軍方背景的企業。（見圖表 5-1）

美中貿易關係的未來

依據近幾年來美中之間貿易摩擦的發展態勢，二者之間的對抗將是一長期趨勢，且愈演愈烈，短期看不到緩和的跡象。

美中對抗勢將成為常態

2022 年 4 月，美國 USTR 公布 2022 年度《特別 301 報

圖表 5-1　美國對大陸重要經貿措施對大陸影響

措施	影響
懲罰性高關稅	直接、間接衝擊需求，造成產業鏈移動
出口管制	無法獲得關鍵零組件及生產設備，衝擊下游先進應用領域發展及推進先進製程 造成大陸外商外移生產基地
擴大外人投資審查會審查範圍	造成投資併購困難，衝擊技術移轉與市場擴大
外國公司問責法案	大陸企業赴美掛牌上市遭遇挑戰，衝擊資金、市場與技術取得
禁止美商採用大陸晶片等零組件	衝擊大陸企業市場機會
禁止聯邦機構及承包商採購特定企業特定產品與服務	衝擊大陸企業海外市場

告》，再次將大陸和印度、俄羅斯、印尼、阿根廷、智利、委內瑞拉等6國列入「優先觀察名單」。另在2月USTR向美國國會所提出的年度《中國履行WTO承諾情況報告》[註13]，特別宣稱：將重新調整對大陸的貿易政策，採行新的經濟工具捍衛美國和其他尋求公平競爭的貿易夥伴的利益。

　　在報告中，USTR對於大陸以下行為深表不滿：（1）採行干涉主義的產業政策及支持方案，對橫跨經濟的各產業提供實質的政府指引、大量財政資源與支持方案，追求產能、生產水準與市場占有率；（2）限制進口貨品與服務的市場准入，以及限制外國廠商及服務提供者在大陸的經商活動；

（3）採用各種不同且經常是違法的手段，獲取外國的智慧財產和技術，以促進產業政策目標的達成等。USTR 認為獲利的是大陸國企、國家投資的企業及無數名義上的私人企業，而這些利益來自犧牲貿易夥伴及其工人就業機會，斲喪全球市場的效率、破壞市場的公平競爭態勢。

美國將追求新的策略

因此該報告中指出，美國亟需新的策略來處理大陸的國家領導、非市場模式的經濟貿易所衍生的問題，這些新的策略必須是基於對大陸的經貿體制的實際評估及長期而不僅是短期的考量。在此基礎之上，美國現在追求的是多面向的策略模式，2021 年 10 月，USTR 已宣布其新策略的初步行動，其一是持續和大陸追求雙邊規約，尋求可以達成進展的領域。特別是美中經濟貿易第一階段協定，如果大陸可以完全履行其承諾，將有助於在更重大議題的雙邊規約有更厚實的基礎。

其次，在美國國內貿易工具方面，包括因應實況修正或新推出的國內貿易工具，都是在為美國工人和企業打造更公平的競爭環境所必要，美國正在尋求如何最佳使用和改進國內貿易工具以達此目的。

第三，美國將與盟友及志同道合的夥伴更緊密、更廣泛的努力，致力於解決大陸的以國家領導、非市場模式的經貿為全球貿易體系帶來的重大問題，此項工作將包括雙邊、區域及多邊論壇，以及 WTO。

從美國 USTR 的報告，我們可以大膽預言：美中之間的對抗將是一場持久性的戰爭，將增加全球經貿的不確定性，甚至改變全球貿易體系的面貌，對相關國家帶來重大衝擊。

台灣觀點

對於美中貿易戰的緣起，顯然美中雙方有不同的看法。大陸的基本思維是美國容不下對其世界領導地位構成威脅的國家，大陸的崛起、快速發展，讓美國起了危機意識。而從美國一路對大陸採取的各種貿易制裁措施及 USTR 相關報告，基本上都是循者大陸未履行其加入 WTO 的承諾、違背國際經貿規則的主軸，但大陸始終認為自己已落實了各項承諾，兩者之間存在極大的落差。

綜觀美國對大陸所採取的貿易措施五花八門，包括：（1）多邊協定規定，如 WTO、出口管制引用的瓦聖納協定（Wassenaar Arrangement）等；（2）雙邊協定，如美中經濟貿易協定；（3）單邊規定，如自行定義發展中經濟體等；（4）濫用涉及治外法權的規定，如晶片法案、外國直接產品規則等。

在過去，美國一直批判大陸違反其加入 WTO 的承諾，但是美國採取的制裁措施愈來愈多，違反

WTO 規定者也愈來愈多，產生一方面指著別人罵，另方面自己也同樣違反規定的情形，慢慢淡化其理直氣壯採取制裁措施的正當性。

其次，前期美國對大陸的制裁措施著重在貿易議題，近期慢慢轉向到科技與國安議題，逐漸坐實了大陸所指稱的 —— 美國是在擔心大陸對其領導地位形成威脅，美中對抗產生了重大質變。

依據美國對大陸採行的管制與制裁措施，以及 USTR 的相關報告，可知美國的策略尚未盡出，大陸也尚未積極採取反擊措施，**預期美中對抗短期見不到紓緩跡象；兩者是全球最大經濟體，持續的對抗持續的造成全球經濟處於動盪不確定局勢，不僅造成兩敗俱傷，對全球化、全球供應鏈及全球經濟成長更將帶來長期不利的衝擊。**

註解

註 1　任平，〈美國挑起貿易戰的實質是什麼？〉，《人民日報》，2018 年 8 月 9 日。

註 2　White House, "National Security Strategy," December 2017.

註 3　Robert E. Scott and Zane Mokiber, "Growing China trade deficit cost 3.7 million American Jobs between 2001 and 2018," Economic Policy Institute, January 30, 2022.

註 4 Robert D. Atkinson,Stephen Ezell, "False Promises:The Yawning Gap Between China's WTO Commitments and Practices," ITIF, September 17, 2015.

註 5 崔凡,〈中國是否充分履行了入世承諾?〉,《國際經貿在線》,2018 年 4 月 12 日。

註 6 中國大陸國務院新聞辦公室,「中國與世界貿易組織」, 2018 年 6 月。

註 7 USTR, "2017 Report to Congress on China's WTO Compliance," January 2018. https://ustr.gov/sites/default/files/files/Press/Reports/China%202017%20WTO%20Report.pdf.

註 8 USTR, "2018 Report to Congress on China's WTO Compliance," February 2019. https://ustr.gov/sites/default/files/2018-USTR-Report-to-Congress-on-China%27s-WTO-Compliance.pdf.

註 9 USTR, "2019 Report to Congress on China's WTO Compliance," March 2020. https://ustr.gov/sites/default/files/2019_Report_on_China%E2%80%99s_WTO_Compliance.pdf.

註 10 Chad P. Bown, "The US-China Trade War and Phase One Agreement," PIIE, February 2021. https://www.piie.com/publications/working-papers/us-china-trade-war-and-phase-one-agreement.

註 11 資料取自 Rhodium Group "The US-China Investment Hub"。https://www.us-china-investment.org/fdi-data。

註 12 Michael Brown and Pavneet Singh, "China's Technology Transfer Strategy," DIUx,January 2018. http://nationalsecurity.gmu.edu/wp-content/uploads/2020/02/DIUX-China-Tech-Transfer-Study-Selected-Readings.pdf.

註 13 USTR, "2021 Report to Congress on China's WTO Compliance," February 2022. https://ustr.gov/sites/default/files/files/Press/Reports/2021USTR%20ReportCongressChinaWTO.pdf.

第六章

美國玩兩手策略

美國仍是全球半導體產業的霸主

1947 年，美國電話電報公司（AT&T）貝爾實驗室三位物理學家發明了電晶體，並於該年共同獲得諾貝爾物理學獎的殊榮，但他們可能不知道，三人的發明業已為人類生活帶來深遠、重大的改變，可謂20世紀最具影響力的發明之一。

美國是半導體產業和技術發展的源頭

到了 1950 年代，美國快捷半導體和德州儀器兩公司近乎同時將電晶體延伸發展出積體電路（IC），進一步將半導體的應用擴展至更寬廣的領域。在美國太空計畫和軍方的支持下，以加州矽谷、德州、亞利桑那州及紐約等地為中心，半導體產業快速成長，美國也成為全球半導體產業發源和發展的核心重鎮。

藉著從美國引進技術，1980 年代上半，日本半導體記憶體產業快速成長，逐漸對美國的地位產生威脅。1981-1982 年間，美、日兩國記憶體全球市場占有率呈現死亡交叉；至 1985 年，日本記憶體全球占有率約八成，美國則跌至近二成。隔年美日簽訂半導體協定，日本記憶體產業發展受阻，南韓趁機而起，接棒日本產業原有的地位，美國記憶體產業已經無法回復到往日的榮景。此時，美國一些半導體公司例如英特爾等放棄記憶體，轉向發展處理器等邏輯晶片，同時在類比半導體等領域仍保有其優勢地位，使美國半導體總體產能得以維持在全球占有率約 12％的水準。

美國掐住產業供應鏈關鍵環節

總體而言，70 多年來半導體產業歷經技術、市場、產業結構和發展模式等多層面的重大變遷，美國在供應鏈製造環節的產能雖大幅下挫，仍是全球半導體產業的領導者，掐住產業發展最關鍵的技術環節。

依據美國顧問公司 BCG 在 2021 公布的研究報告，在半導體長串的供應鏈，美國於電子自動化設計工具（EDA）及智財核（IP Core）環節在全球的占有率高達 74％，邏輯半導體占有率 67％、設備占有率 41％[註1]；換言之，美國在研究發展密集的領域均擁有絕對的優勢。（見圖表 6-1）

在設備方面，依據 VLSI Research 的調查，2020 年全球半導體設備排名前十大美國就占有 4 家：Applied Materials（第1）、科林研發（第3）、科磊（KLA）（第5）、Teradyne（第8）等，合計占市場 39％。於 IC 設計領域，依據 TrendForce 的資料，2020 年全球十大企業美國占有 7 家，前三大：高通、博通、輝達合計就占前十大 61.1％。

而在半導體製造方面，2021 年美國半導體出口達 490 美元，是次於飛機、成品油和原油的第四大出口產品。依據美國半導體產業協會（SIA）2021 年年度產業報告[註2]，在半導體製程的前段（相對於製程後段的封裝測試而言），美國業者產能原有 57％放在國內，至 2020 年下滑至 43.2％；海外產能分散在新加坡（18.3％）、台灣（9.7％）、歐洲（9.6％）、日本（8.8％）、中國大陸（5.5％）和其他地區（4.9％）。過去十年美國海外地區產出的成長率是國內的 5

圖表 6-1　2019 年半導體供應鏈美國占有率

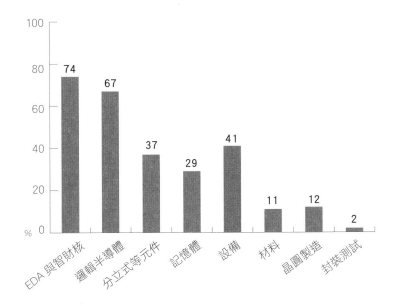

註：分立式等元件包括分立元件、類比元件、光電與感知元件等。

資料來源：Antonio Varas, Raj Varadarajian, Ramiro Paima, Jimmy Goodrich, and FalanYiung, "Strengthening the Global Semiconductor Supply Chain in an Uncertain Era," April 02, 2021, BCG.

倍，該年度報告將之歸因於各個國家提供了吸引外國投資的優惠措施，因此主張美國政府也必須有類似的獎勵措施以維持其產業競爭力，其實這結論的依據是過於簡單了。

　　依據 IC Insight 的統計，至 2020 年底，全球半導體製造廠產能的排名，前十大中美國有四家企業，包括：美光（第 3）、英特爾（第 6）、格羅方德（第 8）、德州儀器（第

9）。而在半導體製造的專屬代工領域，依據芯思想研究院（ChipInsights）的調查報告，2021 年前十大企業中，美國僅格羅方德公司排名第三，市占率約為 7.43％，原因是美國企業以 IDM 為主。

至於半導體製程後段的封裝測試，2020 年全球前十大之中美國雖僅有一家艾克爾列入，但排名第二，僅次於台灣日月光。

從美中貿易戰到半導體供應鏈重建

美中貿易戰中，半導體由於被大陸政府列為戰略性產業而予以重大補貼，一向居於被美國制裁的核心。

從華為被制裁開始

2018 年 7 月 6 日，川普政府對中國大陸第一批 340 億美元貨品加徵 25％關稅，名單中就包括部分半導體產品。到了 2019 年，美國因為要制裁電信設備廠商華為，擴大到對半導體供應鏈的出口管制，並逐步擴大管制目標對象。

華為一方面是智慧手機主要供應商，2019 年全球市占率依據 Strategy Analytics 的統計為 17％，居第二位；而根據 TrendForce 旗下拓墣產業研究院在 2020 年公布的報告顯示，在供應電信基建設備方面，很多國家的 5G 網路都是華為的客戶。2019 年全球 5G 基站市場華為是主要供應商之一，市場占有率 27.5％，Ericsson 30.0％，Norkia 24.5％，

三星 6.5%。

但美國政府對華為設備持有兩項顧慮，一是大陸國安法強迫企業將經由網路設備收集的外國資料交給大陸政府，包括個人、公司、政府、軍事等情報；另一則是擔心華為低成本設備的性能與可靠性，經不起駭客對網路的惡意攻擊。美國、英國、澳洲、法國、瑞典等相繼決定在其國內的 5G 網路，不採用華為設備。

2019 年 1 月，美國政府控告華為偷竊美國技術、洗錢、幫助伊朗規避有關大規模毀滅性武器擴散的懲罰，進而訴諸出口管制措施，2019 年 5 月及 8 月，美政府商務部將華為及其子公司列入實體清單施行出口管制。依據美國法律，實體清單是官方所公佈的有關外國公司或組織的名單，在沒獲得政府許可下提供貨品或服務給這些公司是違法的，因此直接斷絕了美國製造的半導體提供給華為，以及停止銷售 EDA 工具等給其子公司海思從事晶片設計，間接癱瘓華為產製 5G 設備，迫使華為讓出市場給其競爭者三星、Ericcson、Norkia 等公司。

出口管制長臂管轄

但美國最初的出口管制產生兩項問題或漏洞，一是出口管制範圍太大，對美國不會產生國安威脅的智慧手機所用的半導體，也都加以管制，導致美國業者的損失過高。其次是出口管制措施未能有效保護國安，比方 2019 年的管制未能防止華為將設計公司的晶片設計交由台積電、三星生產。

2020 年 6 月，根據美國半導體協會公布的報告，絕大多數華為產製基地台所需的半導體，是從美國之外取得，產業界則對政府出口管制表達憂慮，因為美國半導體產業的年收入大約有二成以上來自大陸華為及其他公司。

2020 年 5 月，美國採行新出口管制，迫使外國公司也停止將半導體出貨給華為。美國擴張其出口管制司法管轄到外國直接產品規則（Foreign Direct Product Rule，簡稱 FDPR），經由 FDPR 商務部限制外國晶片生產者，若半導體供應鏈不同環節有使用到美國產製的設備或技術者，其產品不可銷售給實體清單上的組織或企業，此即俗稱的「長臂管轄」（Long Arm Jurisdiction），台積電、三星等因此都面臨了選擇。

2020 年 12 月，大陸主要的代工企業中芯國際也被列入實體清單，管制美製設備、半導體設計與軟體出口大陸中芯。

擴大至投資管制

出口管制之外，美國另採取對企業投資的限制與反托拉斯行動。2018 年，美政府的 301 條款調查報告提到對大陸國企併購外國公司的憂慮，其「外人投資委員會」（CFIUS）依法有權防止外企藉購買美企造成國安威脅，陸企對半導體公司的併購必須通過 CFIUS 審查，因此 CFIUS 的干預往往阻礙了潛在併購談判案的進行。2018 年的《外人投資風險審議現代化法案》（FIRRMA）進一步強化了 CFIUS 的法律

權限，同時間大陸反托拉斯主管機關也拒絕外國半導體公司經由併購重組。在美國以國安理由拒絕高通被總部設在新加坡的博通購買之後，2018 年大陸相對拒絕高通對荷商恩智浦半導體的潛在併購。

到了 2020 年底，全球汽車晶片突然出現供不應求現象，福特、福斯、GM、豐田、本田和日產等汽車大廠紛紛宣布停工、減產，嚴重衝擊汽車產業，進而影響各國經濟。2021 年 1 月，美國、德國、日本等透過官方途徑請求台灣業者予以協助。

車用晶片發生缺貨的主因是新冠疫情期間新車銷售低迷，各大車廠實施減產，取消許多晶片訂單；相反的，在此期間卻因疫情造成宅經濟成長快速，IT 相關需求增加，包括電腦、平板、手機、伺服器等帶動上游晶片需求，半導體生產者將汽車空出的產能移到 IT 相關市場。俟新車銷售逐漸回升，甚至超越疫情發生前水準，終於產生晶片短缺。對此，部分原因亦需歸咎於汽車產業界，長期以來為了降低成本，在管理上實施及時生產系統（just-in-time，簡稱 JIT），致力降低存貨水準、減少供應商數量。等到市場對汽車的需求恢復，晶片短缺現象在短時間難以因應。而晶片短缺的現象也逐漸蔓延到其他電子相關部門，成為全球關注的課題。

台灣被推向風口浪尖

自從國際車用晶片短缺造成車廠停工、減產，幾個主要國家的政府經由不同方式促請台灣政府或晶片業者予以

協助，國際上開始陸續出現類似「晶片製造過度仰賴台灣、台灣具地緣政治風險」等論調。2021 年 1 月 23 日，《經濟學人》（*The Economist*）指出，20 世紀全球最大的經濟瓶頸在於通過荷姆茲海峽的油輪，不久後就是南韓和台灣少數科學園區生產的晶片。

同年 1 月 26 日，《彭博社》在〈全球正危險的倚賴台灣半導體〉（The World Is Dangerously Dependent on Taiwan for Semiconductors）這篇報導指出，即使持續在北京入侵的威脅之下，台灣掌握的半導體業務使其成為全球供應鏈掐脖子的關鍵點，此促使日本、美國、中國大陸產生要提高自給率的急迫感。德國智庫新責任基金會的科技與地緣政治專案計畫主任克萊恩漢斯接受訪問時表示：「由於台灣主導了晶片委外代工製造業務，使其成為半導體供應鏈最為致命的單一中斷點（single point of failure）。」

日經中文網也加入報導行列，4 月 16 日以〈全球過度倚賴台積電的風險在加強〉一文，強調代工業務集中在台積電過高帶來的風險，另 5 月 3 日的〈全球半導體供給依賴亞洲〉宣稱生產基地集中亞洲，因應地緣政治風險的能力會減弱，其對象實際暗指台灣。甚至到了 2022 年，該媒體仍於 4 月 15 日以〈尖端半導體台灣一級化風險提升〉、4 月 29 日〈台灣在半導體設計領域瓜分美國優勢〉等報導，持續在強調台灣競爭力所帶來的風險。

於是，就在美中對抗將台灣置於地緣政治高風險熱點，以及代工製造，尤其是先進製程，集中在台灣，在媒體、政

治人物、競爭者等各有所圖的國際氛圍下，半導體製造被推向與國家及經濟安全有關的策略性產業，半導體製造本土化成為美國、歐盟、日本及中國大陸、印度等各國政策的重中之重。

美國半導體產業政策：以制定法案維持優勢

美國是主張自由市場經濟的國家，一向反對政府力量例如產業政策介入產業發展，但現今也開始對少數產業持著策略性產業的看法，半導體產業就是其重中之重。

半導體供應鏈受到重視

2012 年 1 月，美國前總統歐巴馬就任時，就提出了《全球供應鏈安全的國家策略》（National Strategy for Global Supply Chain Security）[註3]，強調有效率且安全的全球供應鏈系統的重要。報告中指出：由於天災造成供應鏈中斷，以及恐怖活動企圖利用攻擊供應鏈作為破壞全球經濟成長與生產力的工具，美國必須針對這些威脅加強國家及國際政策。為了促進貨品移動的效率與安全，以及具韌性供應鏈的發展，政府將從兩個方面達成目標，一是激活和整合從中央到地方各政府相關單位、民間與國際的力量；另一是管理供應鏈風險，建立多層次的防衛、早期預警、能夠吸收意外中斷且迅速復原的具韌性供應鏈。

確保美國半導體領導地位

此時的歐巴馬政府並未將半導體列為策略性對象，也未將地緣政治風險納入供應鏈中斷的考量，提高供應鏈自主性的議題更未獲得關注。

到了歐巴馬總統任期最後的 2017 年 1 月，總統科技顧問委員會（President's Council of Advisors on Science and Technology，簡稱 PCAST）執行辦公室提出了《確保美國在半導體長期的領導地位》報告[註4]，該報告的核心發現是：中國大陸的政策正在侵蝕創新、奪取美國市場占有率、使美國國安處於風險中。只有持續在尖端技術創新，才能削減中國大陸產業政策所帶來的威脅及強化美國的經濟。

經過對半導體產業發展及中國大陸產業政策的分析，該報告建議美國採取三大策略：

策略之一：挫敗妨礙創新的中國大陸產業政策，建立公平競爭環境。經由雙邊與多邊論壇改善中國大陸政策的透明化，與盟友合作協調及強化向內投資安全及出口管制，並對中國大陸破壞國際協定堅決的、一致性的予以回應，對於破壞美國安全的中國大陸政策，美國也應精準採行出口管制。

策略之二：改善以美國為基地的半導體生產者的經商環境。報告中指出，具有競爭力的國內產業是創新與安全的關鍵，因此建議政府規劃吸引人才、支持基礎研發的政策，加上改革公司稅法等，以創造真正的優勢條件，由此產生的創新循環的力量是最強的。如果美國反其道而行，藉著防衛合法的外國競爭來維持產業領先，創新將受傷害，使美國競爭

力減弱、經濟更為惡化。

策略之三：促進未來十年的轉型類型創新（transformative innovation）。推動一系列「射月」（moonshots）計畫，例如發展改變遊戲規則的生物防衛系統及尖端醫藥技術等，提供更廣泛的應用領域促進半導體快速進步。

對於半導體產業的未來，報告指出全球面臨兩大挑戰，一是晶片的電晶體趨近物理極限、應用領域多樣化與產業集中度升高等帶來的技術與市場變遷；另一是中國大陸產業政策對美國創新和國家安全構成了實際的威脅，尤其中國大陸藉由大量補貼及以市場商機強迫外商技術移轉、竊取技術等零和戰術企圖在設計與製造成為全球領導，加上其國內半導體消費的持續增長，加重了挑戰。

面對這些挑戰，報告提出了六項原則給美國政策制定者：

1. **跑得更快**：持續美國的創新活動，維持對中國大陸的領先。
2. **聚焦半導體尖端科技**：除了取得領先優勢，政策制定者應聚焦主要領域安全的風險，而非在半導體供應鏈眾多環節的領導地位。
3. **專注創造美國最大優勢而非借鏡中國大陸**：美、中對於政府與民間之間應維持的適當的關係各有不同觀點，例如美國是要創造民間部門成功所需要的環境，而不是分配資源給特定企業或部門，大陸則是對成熟

企業與產業給予補貼。另外，美國支持開放的全球貿易與投資，大陸則是享受全球市場開放的利益，卻很少遵守國際貿易規則。

4. **期待中國大陸會對美國的行動有所回應**：中國大陸並不是站著不動，而是會因美國的政策而對其作為有所調整。

5. **不要反身式的反對中國大陸的進步。**

6. **執行貿易與投資規則**：對於中國大陸違反開放的貿易與投資的規則，美國應予以反對，且必要時可聯合其他國家以提高制裁效能與防止報復的風險。

對比科技顧問對歐巴馬總統所提出的供應鏈和半導體的報告和現今拜登政府的政策，其間存在較顯著差異的重點有四：一是強調維持對大陸的技術領先，反對抑制大陸的進步；二是要從改善整體發展環境著手，反對採取特定產業政策；三是持續支持全球化的運行，維持開放公平競爭的環境；四是美國應聚焦在關鍵環節，而非擴大供應鏈新環節的領導地位。

《供應鏈百日評估報告》

到了 2021 年，汽車晶片短缺情況嚴重，供應鏈安全和自給自足等成為全球關注議題，拜登總統於 2 月 24 日簽署行政命令，下令對半導體、高容量電池、藥品與活性藥物成分、關鍵礦物及材料等四項重點產業的供應鏈進行評估。到

了 6 月 8 日，白宮公布了由商務部、能源部、衛福部、國防部提出的《供應鏈百日評估報告》[註5]。報告中將美國供應鏈之所以脆弱歸納為五項主因：

（一）**美國製造能量不足**：由於低工資國家如中國大陸加入競爭，以及美國生產力停滯，2000-2010 年間美國製造部門的工作流失三分之一；而因為生產能量外移，研究發展與供應鏈亦隨之移出，導致美國創新能量流失。

（二）**私有市場的投報失衡與短期主義**（misaligned incentives and short-termism）：美國市場結構未能使投資於品質、永續與長期生產力的企業得到應有的報酬，企業都傾向聚焦於短期回收最大化，導致企業對長期韌性的投資不足。

（三）**盟友、夥伴與競爭國家採行產業政策**：正當美國於國內產業基地投資滑落的時候，盟友、夥伴、競爭者採行了策略性計畫提升其國內競爭力，例如歐盟視電池為策略性利益，對電池供應鏈補貼 35 億美元研發補助。台灣除了研發投資及其他獎勵，對半導體生產設施提供土地成本 50%、建造與設施 45%、半導體製造設備 25% 的獎勵。

（四）**全球供應來源的地理集中**：供應鏈關鍵環節地理集中於少數國家，導致公司易受供應中斷的傷害，如自然災害、地緣政治與全球疫情，增加美國及全球生產者的脆弱性。

（五）**有限的國際合作協調**（coordination）：美國在發展供應鏈集體安全方面所投注的國際外交努力不夠。雖然擴

充關鍵貨品的國內生產無疑是解決美國供應鏈脆弱的部分解決方法，但美國不可能生產所有的東西。面對影響美國與其盟友的挑戰，美國未有系統性的聚焦在建立國際合作機制以支持供應鏈的韌性。

針對前述造成美國供應鏈脆弱的主要來源，報告提出了六大方面的建議：

（一）**建立本土的生產與創新能力**：此又分為三個部分，一是運用聯邦立法加強關鍵供應鏈與重建產業基地；其次是增加在關鍵產品的研發與商業化的公共投資，例如投資新一代電池發展；三是支持生產與創新的生態體系。

（二）**支持投資於工人、永續價值及提升品質的市場發展**：主要措施包括創立 21 世紀關鍵礦物採礦與處理標準、改進藥品供應鏈的透明性等。

（三）**發揮政府作為採購者與關鍵貨品投資者的角色**：主要措施為運用聯邦採購強化美國供應鏈、為國內生產需要加強科學及氣候研發的聯邦補助等。

（四）**強化國際貿易規則，包括貿易實施機制，因應外國不公平競爭**：建立貿易打擊部隊、對進口釹（Nd）磁鐵評估是否啟動 232 條款調查等。

（五）**與盟友與夥伴合作，降低全球供應鏈的脆弱性**：擴大多邊外交盟約包括主辦新的總統論壇、發揮美國金融合作發展（DFC）及其他融資工具的功能支持供應鏈韌性。

（六）**在經濟從新冠疫情中重新啟動時，監視近期供應**

鏈中斷的發生：建立因應供應鏈中斷的任務編組、創建資料中心以監視短期供應鏈的脆弱性等。

對美國半導體產業的評估

在半導體產業部門，該報告就供應鏈設計、製造、封裝測試與先進封裝、材料、設備等重要環節一一評估後，指出供應鏈面對的風險：（1）供應鏈的脆弱；（2）惡意的供應鏈中斷；（3）使用過時半導體與供應鏈的企業持續獲利的相關挑戰；（4）顧客集中與地緣政治因素；（5）電子產品生產網路效應；（6）人力資本落差；（7）智財竊盜；（8）獲取創新利益與調和私人與公共利益的不對稱落差 等。

針對當前半導體短缺及前述各項風險，報告提出七項的建議：

（一）針對半導體短缺，促進投資、透明化、協同合作，並與產業界形成夥伴關係。

（二）在 2021 預算年度國防授權法案（NDAA）提供《晶片法案》（CHIPS）資金，授權各計畫：

　　1. 透過聯邦財政協助，鼓勵新建、擴充或現代化半導體相關設施以支持半導體製造；
　　2. 經由新成立的國家半導體技術中心（NSTC）推進尖端技術研發。

（三）強化國內半導體製造生態體系：透過立法提供誘因，支持材料、設備、氣體等關鍵上游與下游產業，以平

衡美國較高的營運成本；經由諸如商務部的「選擇美國」（Select USA）計畫等，持續支持在美國投資與製造。

（四）支持供應鏈的中小企業與處於劣勢地位的企業：藉著研發資源協助驗證新興技術、提供融資將創新市場化、協助成長所需資金等。

（五）為半導體產業各種工作需求建立多元准入的人才渠道：行政部門與國會應對增加培育及多元化科學、技術、工程和數學（STEM）人才渠道進行重大投資、改變移民政策吸引世界最好人才等。

（六）與盟友及夥伴一起努力打造供應鏈韌性：鼓勵外國製造廠商及材料供應商投資美國、其他盟友與夥伴所在地區，以提供一個多元化的供應商基地；並尋求研發夥伴關係，以及對於不公平貿易措施、產業政策和盟友採取協同一致的政策。

（七）保護美國在製造與先進封裝的技術優勢：針對國家安全和外交政策對半導體製造與先進封裝有關的顧慮，確使出口管制能夠支持政策所要的行動，以及外國人投資審查能確實考慮到半導體製造及先進封裝供應鏈在國安方面的顧慮。

評估報告先射箭再畫靶

《供應鏈百日評估報告》本身其實存在許多缺失，最重要的問題之一是並未檢討美國製造業為何逐漸一一流失。美國的製造業出走並不是始自今日，製造業外包也不是只有半

導體產業，在產業發展環境方面肯定有其原因；要想把曾經輝煌、而今流失的產業再找回來，必須找到關鍵問題才能對症下藥，但整本報告卻未有任何虛心的檢討。

其次是該報告分析的品質相當粗略，例如把美國半導體產業出走、新興半導體國家崛起的原因歸諸於後者提供優厚的補助獎勵措施，甚至誇大補助獎勵的範圍或規模，例如對於台灣在土地、建廠等方面提供的龐大補貼已是完全偏離事實，其用意應是一方面為其製造業失去競爭力找個藉口，另方面為政府的《晶片法案》提供史上少見的龐大經費補助找到立足點。以此報告作為政策或決策依據能產生多少政策效果，實在令人懷疑。

另方面，比較報告提出前美國政府就已在採取的若干措施和該報告的建議，包括推動《晶片法案》、晶片四方聯盟、與日本進行研發合作等，可以清楚瞭解，該報告只不過是行政部門先射箭再畫靶之下的產物，最重要的收穫僅是把美國視為關鍵部門的產業狀況做了粗略的盤點。

晶片補助法案

拜登政府所提出的《供應鏈百日評估報告》中對半導體產業的建議，部分其實在評估完成之前就已經在執行或推動，例如出口管制等；其中最受外國投資者和本國企業企盼的補助法案就是《晶片法案》（CHIPS，即 the Creating Helpful Incentives to Produce Semiconductors for America Act 的簡稱）。該法案是美國 2021 會計年國防授權法案

（NDAA）的一部分，授權一系列在美國促進研究、發展與製造半導體的計畫。

自從川普政府要求政府全體動員和中國大陸進行策略性競爭，確保美國經濟競爭力與在關鍵技術的領導地位就被列為立法優先工作。更明確來說，政策制定者希望美國在策略性產業維持一個高水準的製造基地，在國際衝突發生或如新冠疫情意料之外的危機發生時能保護高度優先的供應鏈。

在對製造方面的獎勵，法案對於在美國的半導體產能的新建、擴充、現代化等提供財務協助，私人企業、公共機構或二者聯盟可向商務部申請不超過 30 億美元的聯邦補助，若超過該項金額則需商務部會商聯邦相關單位核准。除了展示新建、擴充、現代化工廠的能力，申請者必須證明可以提出對員工及社區投資的承諾，並取得地區教育機構提供勞工訓練的合約，以及提出在獲得聯邦支持結束之後仍維持營運的可執行計畫等。

在研究與發展方面，法案設置了一個多邊半導體安全基金，這是一個美國和其國際夥伴共同的資金支援機制，目的為促進安全的半導體與微電子供應鏈。

《晶片法案》授權在國內成立一微電子領導力委員會（Subcommittee on Microelectronics Leadership，簡稱 SML），由總統內閣主要成員組成，賦予規劃在美國創造堅實的微電子產業的國家策略，以及設定在先進晶片設計與製造維持美國領導地位的研究發展的優先順序。在 SML 規劃的國家策略之下，公私合組的國家半導體技術中心（National

Semiconductor Technology Center）、能源部與國家科學基金負責進行半導體研發，特別是在先進晶片的雛形方面。

此外，國家標準技術研究院（NIST）將負責一項國家先進封裝製造計畫，加強國內產業生態體系有關半導體先進測試、組裝與封裝能力，並從事類似國家半導體技術中心的研發計畫。

國會成為絆腳石

雖然美國國會在 2021 年 1 月就通過了法案，但在 2021 會計年度國防授權法並未予以分配預算。因此雖然法案通過了一年多，還要等待另一項可以提供預算的法案通過。美國兩黨在當時抗中的氛圍下雖然都支持《晶片法案》，但提供資金預算的配套法案則遲未能達成共識。

2021 年 6 月，參議院通過《美國創新與競爭法案》（United States Innovation and Competition Act，簡稱 USICA）分配資金給《晶片法案》裡的計畫。USICA 包括了 5 年對晶片工廠 330 億美元的財務協助，另外 112 億美元提供給《晶片法案》裡的研發活動；相關官員預期此項資金可以促進 7-10 座芯半導體工廠的設置。USICA 是一項涵蓋範圍甚廣的立法，包括在美國國內促進創新而涵蓋廣泛的新興計畫，例如在城市與微型城市的區域技術中心的投資。

但眾議院裡有些民主黨議員不同意法案中有關聯邦研究與技術創新預算的一部分，因此於 2021 年 11 月未能將USICA 放入 2022 會計年國防授權法案。於 2022 年 1 月末，

眾院民主黨提出其 USICA 版本《美國競爭法案》（America COMPETES Act），裡面包括與《晶片法案》相同的資金 520 億美元，但削減 USICA 用於其他計畫的經費如區域技術中心約 2000 億美元；3 月參議院又將眾議院法案換成以其前一年通過的 USICA 的內容為基礎的修正競爭法案。於是此競爭法案就在參、眾兩院之間擺盪、面臨冗長的協調期間。

由於安排配合《晶片法案》的預算到了 6 月仍處於立法待決定狀態，100 多位晶片有關企業，包括：谷歌、亞馬遜、微軟等負責人忍無可忍之下，於 2022 年 6 月 15 日聯名寫信給眾議院院長和兩黨領袖，促請盡速通過法案；據統計，相關業者在 2022 年上半花在遊說國會議員的費用就達 1,960 萬美元。除了業者的努力，行政部門也頻頻對國會施壓，商務部長雷蒙多就持續散布美國半導體高度依賴台灣、台灣處於地緣政治高風險、基於經濟與國家安全美國必須重振本土半導體產業等言論，以台灣作為墊背，促請國會通過《晶片法案》。

這就是美國缺乏效率的民主制度。

產業政策轉向支持特定產業部門的發展

美國一向高舉自由市場經濟的大旗，在國際經貿方面以往批判中國大陸最嚴厲的事項之一，就是政府大量補貼企業，以低價產品獲取市場占有率，從事不公平貿易行為，甚至造成產能過剩、產品價格大跌。美國貿易代表署 2022 年

2 月向國會提出的年度報告再度指出，中國大陸無視 WTO 自由貿易精神，以補貼與監管模式，打壓外企的競爭力、扶植本土企業。可是觀察美國政府最近幾年的作為，愈來愈像其所批判的中國大陸，採用補貼等各種措施促進投資的做法與大陸相較並不遑多讓。

美國產業政策的檢討

美國彼得森國際經濟研究院（PIIE）以 1970-2020 年間美國為不同目的採行產業政策的 18 個著名個案做研究，將產業政策分為：（1）貿易措施：如反傾銷與平衡稅、自願出口限制、促使外國市場開放、市場保護等；（2）補助：如現金補貼、租稅減免優惠等；（3）支持研發計畫：如國防先進研究計畫署（DARPA）、北卡研究三角園區、SEMATECH 等三大類。接著再以：被實施產業政策的產業是否變得更具全球競爭力？是否以對納稅人和消費者合理的成本創造出就業？以及經由政府支持，技術是否取得進步？等三者作為評估產業政策成效的指標。

2021 年 PIIE 發表了〈從美國半世紀產業政策學得的經驗〉[註6] 研究報告，指出依據過往的經驗，產業政策獲得的成效不一：對衰敗、老化產業的保護鮮少獲得成功、對研發的補助有時能達到目標、針對單一企業執行的任務鮮少成功、藉產業政策創造或拯救就業機會經常要付出高昂的成本，但是產業政策可以吸引到世界級外國企業到美國投資等結論。

PIIE 認為當補助研究發展適用於所有產業部門、採競爭性的方法並聽從科學與工程專家的廣泛指引，在無政治干預下，給予具前瞻性與高風險性研發計畫補助，其運作效果最為良好。佛羅里達州的生技中心及北卡研究三角園區都證明了此種產業政策模式的成功。但決策者必須謹慎的是：指定特定單一企業以促進其技術進步，因為研究未曾發現對任一單一企業補助獲得成功的案例。

　　在貿易政策方面，從支持美國鋼鐵、汽車、紡織暨服飾、半導體（反傾銷稅）、太陽能面板等五項產業的貿易措施，發現其結果各有不同。對鋼鐵、紡織暨服飾、半導體、太陽能面板的保護，未能創造可與外國競爭者的產業，也未能促使其技術進步。為搶救鋼鐵、紡織與服飾等產業的工作而付出的消費者成本相當高。得到的教訓是：進口保護鮮少成功，反而對下游產業強加了高成本，對技術的進步貢獻很少，未能將美國企業轉變為出口大咖。但是運用威脅性的障礙促使世界級企業如 Toyota 或台積電等外國企業前往美國設廠，則成了特殊例外。

　　至於為了在某一州創造出就業機會，其對納稅人而言成本是高的，且經常以其他州可能創造出來的相當數量的就業為代價，創造就業更好的政策應是在全國的層次上進行，例如在職訓練、勞動所得稅抵減（earned income tax credit）等政策措施。

策略性產業政策

　　基本上 PIIE 是主張自由市場經濟的智庫，但美國有一些主張略性產業政策的智庫，例如較 PIIE 年輕 25 歲的資訊科技暨創新基金會（ITIF），在 2022 年 1 月出版的〈電腦晶片與馬鈴薯片〉[註7] 及 2 月的〈將策略性產業競爭力融入美國經濟政策〉[註8] 等篇文章，就強力主張美國應針對策略性產業採取特殊的政策，其主要論點包括：

1. 中國大陸為實現其為全球超級領導者的願景，努力想成為主導全球的科技經濟體，因此正竭盡所能地採取一切方法，包括不公平政策措施，有系統的掏空美國的產業基地。而這世界有很多國家並非與美國站在同一陣線，視中國大陸為重要經濟夥伴，美國不再能確保國內有足夠的生產與創新能力，或在需要時可從他國安全的取得。

2. 面對中國大陸崛起，美國不只需要一套競爭策略，更需要特別針對促進策略性重要產業的生產與創新能量有其政策，特別是技術精密複雜、兼具軍民兩用能力的產業。

3. 在劇烈競爭的全球經濟，美國的經濟與國家安全現在仰賴促進策略性重要產業與技術的能量，所有產業都適用的通用政策將是不夠的。政策決策者必須有一套策略性產業政策，選定關鍵產業與科技，持續監視美國與外國的能力，以及落實促進目標產業部門的發展。

4. 策略性產業政策不應該侷限在偏愛美國企業勝過在美國生產與研究的盟國公司，也不意味要挑選美國欠缺能力的產業或個別企業，並將之視為贏家。

5. 策略性產業是美國為了國家安全明確指定必須具備足夠能力的產業，因此要分析每一產業的優勢與劣勢，落實正確的政策干預，誘發產業的競爭優勢。

6. 目前是結束有關自由市場與產業政策的陳腐辯論的時候，美國需要兩者，應採取雙元的政策架構，即：絕大部分的經濟要採取植基於市場的政策，另方面對選定的部門採行策略性產業政策。

7. 以策略性產業作為焦點，意味著 CFIUS 要以不同方式運作。除了注意外國投資案是否直接影響美國國家安全，另外也要留意外國投資會否削弱美國策略性產業。

綜合 ITIF 的重要思維是：在當前實際的世界，任一先進國家是不能沒有策略性產業政策的──除非這國家願意將國家及經濟安全交到外國手上。因此該機構建構了三個層次的政策架構，**在最廣義的層次上，經濟政策是為了確保美國經濟穩定成長**，包括許多政策工具：教育、運作良好的智財體系、未充分就業的金融與財政政策、合理的賦稅體系等，成長政策是不管特定產業、技術或能力的。

第二層次是競爭政策，專注於美國貿易部門的產業，如汽車、飛機等，在全球市場競爭力的強弱。

第三層次則是策略性產業政策，以經濟與國家安全為出發點，關注美國是否有足夠產業與技術能量的特定部門。依據美國防部產業政策辦公室所公布，美國必須維持創新與生產領導的項目有：先進材料、無人機、自駕系統、AI、量子計算、生物技術、儲能系統、雷射、光學設備、太空科技、工具機、造船、先進無線通信系統等。

ITIF 的思維代表了美國政府在產業發展上政策的大轉折，從自由市場經濟轉為以國家安全或經濟安全為目的，選擇特定產業並提供配套措施積極推動發展。

美國的兩手策略

在半導體產業議題，美國基本上有兩大政策方針，一是重振本土半導體製造環節，特別是在尖端半導體；另一是防堵中國大陸半導體技術的發展，與大陸脫鉤，此兩大方針構成了美國半導體的兩手策略。在重振本土半導體製造，美國政府主要倚賴《晶片法案》對設廠製造、技術研發與人才培育的投資鼓勵。

晶片法案通過之後

在行政部門和產業界強大壓力下，美國參、眾兩院終於陸續在 2022 年 7 月 27、28 日快馬加鞭通過延宕一年多的《晶片法案》，拜登總統並於 8 月 9 日簽字實施。嗣後，商務部很快的就在 9 月 22 日公佈了長達近 20 頁的《美國晶片

基金策略》（A strategy for the Chips for America Fund）^{（註9）}。雖然該文件圍繞的是《晶片法案》裡約 520 億美元預算的分配運用，但實際上該份策略所勾勒的是未來美國政府推動半導體產業發展的藍圖，內容包括實施指導原則與目標、美國半導體產業背景與未來趨勢、計畫執行組織、基金申請者的資格與三大行動計畫。

該法案之所以受到關注，主要是美國政府希望藉助法案中的補助和租稅獎勵等措施，重振本土先進晶片製造產業，目前美國半導體製造產能僅占全球約 11％。

補助方面，法案提供約 520 億美元的預算，其中 390 億美元補助建廠投資，112 億美元補助半導體研發。另外，法案對投資者提供為期四年 25％的投資抵稅。但該等補助有其附帶條件，取得補助的企業 10 年內不得在中國大陸或其他不友善國家建造新廠或擴充先進製程產能。美國行政部門也確實藉著這項法案促進了包括台積電、三星、英特爾等幾家重量級企業的重大投資。

《晶片法案》生效後，將是業者搶食補助的開始。企業界會想知道的是：520 億美元究竟如何分配？相對數十、上百億美元的投資計畫，以及美國偏高的營運成本，一次性的補助能有多大助益？附加 10 年內不可赴大陸投資的條件是否代價過高？在全球半導體需求趨緩下，能否放棄大陸每年進口約 3、4 千億美元晶片的龐大商機？

關鍵在產業發展環境

而從產業發展的角度，僅憑有限的補貼和租稅獎勵就想重振美國的半導體製造領導地位，根本是不切實際。若是真的管用，以中國大陸多年傾國家之力補貼、獎勵之重，加上行政配合，早應實現其在 2020 年達到半導體自給率 40％的目標，如今卻只達 20％。

美國是半導體產業的發源地，1980 年代之前，美國在全球半導體產業可謂獨領風騷。但 1980 年代日本半導體記憶體快速發展，將美國廠商打得幾無招架之力，最後《美日半導體貿易協定》造成兩國半導體產業兩敗俱傷，反讓南韓獲得漁翁之利，此時美國就應全盤檢討產業發展問題所在。

到了近代，隨著摩爾定律的推進，新一代製程所需投資資金快速攀升，美國部分業者或跟不上技術進步，或無力繼續投入龐大資金，有的整合元件製造商放棄在先進製程方面的追趕，轉型為無廠設計者，促使美國晶圓製造產能下滑，主要倚賴亞洲的生產，美國不思徹底檢討其產業發展環境，卻一味歸咎亞洲國家的補貼、獎勵，豈不本末倒置。

例如日本東京經濟產業研究所資深研究員托爾貝克（Willem Thorbecke）在 2022 年提出〈為何電子製造從美國移往東亞？〉的研究報告，其結論包括：

1. 面對競爭比政府的補助來得重要；
2. 日本、台灣和南韓投資在教育，讓工程師可以很快上手半導體技術；

3. 東亞國家的政府在施政上重視預算盈餘或將赤字減至最低，結合了個人高儲蓄率，讓龐大的國家儲蓄導入資本形成，此在在半導體部門甚為重要，因為工廠和設備及研發需要重大支出，但美國過去 13 年的預算赤字平均達 GDP 的 6.9%；

4. 東亞國家有較美國平等的所得分布，台積電的 CEO 2021 年待遇，大約是該公司平均薪資的 10 倍，但英特爾基辛格 2021 年的薪資，則高達英特爾平均薪資的 1,711 倍；

5. 創業家在亞洲電子產業的成功扮演關鍵角色。另外也有企業反映，由於環保、勞工等因素，在美國投資設廠規定嚴格，審核程序冗長，浪費時間又增加成本。[註10]

從托爾貝克的結論，可以知道：產業的發展涉及總體經濟、產業經濟和社會結構、文化等各層面的因素，不是僅憑獎勵措施或少數優勢條件就可以克竟其功。

競爭力才是關鍵

不管原因在哪裡，歸根究柢就是產業的競爭力已經失去，才會造成產業外移或流失。美國的經濟已經走向知識經濟之路，競爭力早就從製造業轉向知識服務業，例如依據 2020 年 WTO 的統計，其製造業的貿易逆差高達 9,770 億美元，但僅收取智慧財產權使用費一項的貿易順差就達 738 億美元。

產業發展不是一蹴可幾，雖然不同國家、不同產業有不同發展模式，但都須循序漸進，建構良好產業發展環境和具有競爭力的產業生態體系，台灣的半導體產業就是建立在長期打造的具高效率的生產體系，擁有健全的上、下游與支援體系。

　　數十年前，美國半導體產業的趨勢是將製造後段的封裝、測試移往生產成本較低的亞洲，近一、二十年來前段晶圓製造能量也陸續移往海外，產業往設計環節移動，人才更是往研發創新聚集，整個半導體製造的生態體系已破壞殘敗，要想成為先進製造基地，必須重新建立完整生態體系，培植製造人才，所需投入的資源和時間更勝於往昔，僅以有限補貼、獎勵和政治干預強迫外國產業移植美國，無異是緣木求魚。

　　此外，尤其是類似半導體產業如此資本密集且技術密集的產業，在國際競爭的環境下，其發展必須得到政府行政和立法部門的長期承諾，在政策和配套措施予以強有力的支持。

　　但是長期以來，美國強調市場經濟，政府鮮少直接介入產業發展，不僅反托辣斯法與產業發展時生扞格，政府對產業的補貼或補助亦相對小氣；加上美國民主、共和兩黨明顯對立，政府更迭頻仍，不僅特定政策難以持久，國會立法程序冗長，缺乏效率、充滿不確定性，《晶片法案》耗時一年多，才在產業界強大壓力下，於最後階段快速通過，即是一明證。

七年之病求三年之艾，美國半導體製造產業的未來命運，重點在美國政府，不管是行政部門或國會，是不是願意以負責任的態度，長期、穩定的改善投資環境，推動與支持產業發展。

為了喝牛奶，養得起一頭牛？

美國之所以要重振本土晶片製造產業，部分原因說是基於國防考量，因為晶片是國防軍用武器或裝備的關鍵元件，而這些最先進的晶片目前都仰賴國外廠商供應，就如《晶片法案》通過之前，美國商務部長雷蒙多所說：「美國從台灣購買 70％的最先進晶片，這些是軍事設備中的晶片，標槍飛彈系統中就有 250 個晶片，你想從台灣購買所有這些晶片嗎？這不安全。」

軍用產品是特殊領域

但為了這些少量的晶片，就需要擁有先進製程的晶片工廠嗎？以美國建廠成本和營運成本遠高於亞洲，缺乏國際競爭力，這先進工廠將依靠什麼維持生存？

遠在 1960、1970 年代，國防軍用市場是美國半導體業者的重要客戶，支撐半導體產業的成長發展。到了 1980、1990 年代，美國半導體製造技術開始外移，日本、南韓和台灣在記憶體晶片、代工產業、封裝測試等蓬勃發展，美國政府為了確保國防軍備半導體元件的來源，開始投資自用

晶片工廠。但是隨著半導體技術的快速演進、製程設備更新投資經費日趨龐大，促使國防部與國安局合作，2003 年起實施信任晶片工廠計畫（Trusted Foundry Program，簡稱 TFP），開始以外包或外購方式向 TFP 廠商取得所需晶片。

開始之時，IBM 公司微電子部門是尖端晶片的唯一供應商。後來 TFP 擴大範圍、引進競爭機制，至 2013 年已有 55 家企業取得資格，涵蓋設計、製造、封測等供應鏈廠商。但至 2014 年 IBM 公司將晶片製造業務分拆，售給格羅方德，格羅方德成了 TFP 之下 14 奈米尖端晶片的供應商，該公司的擁有者是阿布達比主權財富基金旗下的先進技術投資公司。但格羅方德面臨同樣的問題，若要推進更先進製程，所需研發及設備投資資金龐大，且回收不確定，到了 2018 年格羅方德擱置了進一步發展 7 奈米的計畫，美國國防相關單位 7 奈米及以下晶片，必須倚賴台積電或三星公司供應。

不是養條牛就可解決所有問題

除了先進晶片仰賴外國供應，依據美國國際戰略與研究中心（CSIS）Sujai Shivakumar 與 Charles W. Wessner 的研究（註 11），基於各種因素軍事應用的晶片仰賴民間部門為供應來源已成為長久存在的挑戰：

1. 商業方面技術進步的速度快過軍用端，逐漸的限制政府能夠取得、控制及使用尖端技術的能力。

2. 國防單位的晶片其需要服務的壽命遠比商用晶片長，促使各單位不斷在尋找祖父級或過時的元件，這些元件除非經由國防單位特殊安排，商業供應商多已不再製造。

3. 許多晶片的製程未能符合國防單位的需求，例如有些單位需要先進晶片，有些則是需要老舊的晶片，另有些晶片需要特殊的材料、化合物或技術，如砷化鎵、氮化鎵、碳化矽等；換言之，軍需元件的樣態繁多，鮮少通用的製造解決方案。

4. 美國國防單位晶片的需求量相對商用市場極其微少。至 2021 年美國軍事系統所使用的元件由 TFP 工廠生產供應的僅占約 2％，大部分是屬於特定用途，例如太空或核子裝備使用的抗輻射晶片，其他晶片則通常可從商用市場取得，包括現貨或標準產品等。對很多商用生產者而言，為軍方製造小批量的晶片根本缺乏吸引力。

5. 美國國防部並沒有一套統一的、整合的微電子策略，採購程序極為複雜，分散在各部門，並且未能與商用技術發展俱進。

依據 CSIS 的研析可以知道，國防相關單位的晶片需求相當複雜，這是軍用物資的特性，和一般商用物品的特性完全不同；尤其是新一代製程的投資往往大幅高過前一代，所需的經濟規模產能相對更高，為了少量國防需用的晶片而要

在失去競爭力的美國本土再重振先進半導體製造幾乎是不可能。

在 1960-1970 年代，美國軍用和商用元件的製造或許在同一家工廠可以實現，這也是當時國防單位可以自設工廠生產的緣故。但現今軍用武器、裝備系統龐大複雜，晶片元件的生產技術和投資規模已非昔日可比，美國製造業投資環境更是長期失去競爭力，期待重振半導體製造產業確保國防晶片的取得可說是事倍功半。

多元化解決問題

此外，依據 CSIS James Andrew Lewis 的研究^{（註12）}，美國的問題不只是出在如何加強或加速半導體的商業製造，如果美國是脆弱的，那是總體微電子產業發生的問題。過去數十年微電子的生產已從美國或歐洲移往中國大陸等生產成本較低的地方，這些微電子都是基本元件，如電晶體、電容器或變頻器等，這些產品並不精密，價格也不高，利潤相對微薄。如果中國大陸沒有美國的半導體就無法生產數位產品，美國沒有中國大陸的微電子也未能生產數位產品。

因此，在確保國防軍用晶片與微電子的可靠供應，美國應該有更為創新有效的方法，可以採行的途徑，例如：

1. 針對國防軍用武器、裝備系統的服務特性與後勤、維護、性能提升等需求，以及穩定的供應來源，在系統與零組件設計時，有整合、統一的設計準則。

2. 整合國防相關單位的採購政策、制度與程序，提高批次採購規模與效率，提升對供應商的吸引力。

3. 考慮由政府投資工廠設施和設備而委由民間經營的模式，即類似所謂的「國有民營化」（GOCO）方式，但應同時開放經營商業業務，引進競爭、績效與利潤分享等制度。

4. 與國防科技與武器裝備系統先進盟友合作，設立共用軍用晶片製造中心，降低製造成本並確保晶片可靠供應。

5. 最有效的方法仍是與盟友合作，加強供應鏈的各環節，以最有效率的方式獲得高品質、低成本晶片穩定的來源。

美國黑色追殺令

除了重振本土半導體製造產業，美國在半導體的另一重要目標是要防堵大陸半導體產業的進一步發展。在先前實施的《晶片法案》中就包含了所謂的「護欄」條款，要求在美國設廠生產接受美國政府補助的晶片企業自接受補助之日起10年內，不得在中國大陸進行先進半導體生產產能擴充或新建。

2022年8月31日，輝達與超微兩家無廠設計業龍頭同時宣布接獲美國政府通知停止向大陸供貨AI高速的晶片，隨後兩家公司又獲得美國政府1年的緩衝期。另外美國蘋果

公司也在壓力之下，停止了將大陸長江存儲納入新智慧手機供應商名單。

此期間，國際半導體產業界傳言甚囂塵上，美國政府將進一步對中國大陸採取更全面性的鎖喉政策。到了 10 月 7 日，美國商務部工業安全局（BIS）果不其然公布了對美國出口管制條例（EAR）條文一系列的修正，配合已經公布實施的《晶片法案》，對中國大陸半導體產業進行強度更大的管制。

美國政府公布的出口管制新規定，在半導體領域涵蓋了許多層面，預期將對大陸高科技產業發展帶來重大衝擊。厚達 130 多頁的規定主要內容，包括：

1. **受管制進口地**：中國大陸與香港，澳門除外，但是鼓勵出口商和轉口商在出口澳門時，能夠盡職調查並發出警告。

2. **受管制貨品**：在商品管制清單（CCL）中以反恐和區域穩定為理由，增加：（1）特定先進計算晶片；（2）含有先進計算晶片的計算機、電子零組件；（3）開發或生產前述貨品的軟體；（4）特定先進半導體製造設備等項目。在出口該等貨品前，出口商需要向 BIS 取得許可證，BIS 採用逐案審查的方案予以審批。但涉及受區域穩定理由管制的項目，BIS 在審查時是採推定拒絕（Presumption of Denial）的原則。

3. 受管制終端用途：所有受出口管制的貨品若未取得許可，不可被用於（1）在中國大陸開發或生產特定積體電路，包括 16/14 奈米以下製程或非平面（3D）電晶體結構的邏輯 IC、128 層以上 NAND 閃存記憶體、半間距 18 奈米以下的 DRAM 記憶體；（2）在中國大陸開發、生產特定半導體生產相關設備的設備和零組件。受管制出口的項目如被用於特定用途，出口商要向 BIS 申請出口許可。

4. **配合終端用途修正未經核實清單（UVL）**：美國出口管制清單分實體清單、未經核實清單和被拒絕人清單三種。新規定在 UVL 刪除了 9 個實體，增列 31 個新的實體，此 31 個實體包括公司、研究機構和大學。此外，公布的規定也增加了兩項新規，一是在 BIS 提出進行查核最終用途後 60 天內若未能完成核實工作，則會將涉案實體列入 UVL。被列入 UVL 的實體除了不再適用許可例外免於許可申請，即使是對於不需出口許可的貨品，出口商要對 UVL 實體完成盡職調查，因此影響供應商與其合作的意願。另一是被列入 UVL 的 60 天內若仍無法完成核實，涉案實體將被列入實體清單（EL）；一旦被列入實體清單，在申請出口許可時，必須具有充分理由，否則會被推定拒絕，即 BIS 會拒絕其申請。

5. **管制範圍**：對先進計算、超級計算機與實體清單中的指定實體三者擴大外國直接產品規則（FDPR）的內

容，即使是在美國境外生產的特定貨品項目，如果其開發或製造直接利用了特定受美國管制的技術或軟體，該等貨品也受到美國出口管制，出口商出口前必須向美國 BIS 申請出口許可證。換言之，美國本土的法規延伸到對在外國生產的產品的所謂「長臂管轄」的管制。

6. **擴大到對「人」的管制**：在新的規定中新增美國人不得支持中國大陸半導體廠商開發或生產晶片的限制。所謂的支持包括但不限於運輸、傳送、轉移特定貨品或為開發、生產特定半導體提供服務；而在此美國人泛指美國公民、永久居民、受保護個人、法人、美國境內任何人等。此消息一出，據媒體報導在大陸主要外國設備業者如：應材、科磊、科林研發、艾司摩爾等紛紛將其人員撤出大陸。根據華爾界日報的報導，上市的 16 家大陸半導體公司至少有 43 名高層人員是美國公民，對於陸企的許多高階主管來說，禁令可能迫使他們在工作和美國公民永久居留權之間面臨抉擇。

依據 Rodium Group Reva Goujon 等人的分析[註13]，此項新的管制組合是針對幾項政策目的而設計，一是延遲大陸將高效計算晶片用於軍事；二是瞄準設計軟體與製造設備的瓶頸，急凍大陸半導體產業的發展；三是運用 UVL 利於將大陸企業等實體列入實體清單；四是擴大使用 FDPR，迫使

外國盟友配合美國行動；五是管制標的除了貨品與終端用途，擴大到對美國人的限制，因此擴大對大陸的防堵範圍。換言之，新的出口管制對大陸的半導體及其先進應用的發展採取了全面包抄的手段，可稱是經過精心設計。

隱藏成本與效能

對於新的管制規定，Rodium 該項分析認為受影響的成本範圍窄，但外溢效應廣，例如可能帶來供應鏈的重組、短期價格上揚、設備業者的重大損失、相關業者對管制規定的過度反應，甚至升高管制成本等。

實際上如果深入瞭解新規定的內容與相關的分析，大概可以獲致相當一致的看法，那就是新規定將對大陸未來半導體產業的發展帶來重大的衝擊；但是新規定將換來多高的成本付出，以及對大陸的長期防堵具有多大的效能，美國政府既無明確的交代，相關智庫學者也欠缺具體的研析。大體而言，新規定將相對產生高昂的成本包括：

1. 半導體供應鏈產生重組，帶動下游組裝業生產基地位移。
2. 由於市場受阻，對晶片、無廠設計、設備、材料等供應商帶來直接損失。
3. 半導體屬於研發與資本密集產業，營收減少，減弱業者在投資與研發的能力，延緩產業創新與升級的速度，對美國科技發展帶來不利影響。

4. 新規定仍有需多不明確的地方，例如某些先進半導體的設備亦可使用於成熟製程，對先進設備的管制是否及於該等成熟製程？一般業者為了自保多會過度反應從嚴解讀，造成更重大損失。

5. 半導體產業以人才為本，管制對象擴及美國人員會造成多少的人才流失，並未看到美國政府的確實評估。

6. 管制效率低落帶來高昂的成本。美國的出口管制以申請出口許可為基礎，依據日本貿易振興會的報告^(註14)，2021 年出口大陸的 5,923 件許可申請中，通過的占67%、否決的僅 9%，其餘是退件，每件平均審查時間從 2017 年的 37 天拉長到 81 天，顯示美國政府的出口管制是勞民傷財、成效有限，而且製造了更多政商勾結貪腐的機會。

至於新規定到底對防堵中國大陸半導體產業及其在先進領域的發展產生多少效能，將視美國政府如何執行而定：

1. 美國政府的新管制措施都會對其企業造成重大損失，這些大企業通常透過國會遊說對行政部門施壓，因此管制規定公布後，企業隨即獲得豁免緩衝時間的案例屢見不鮮，對政策成效大打折扣。

2. 有些管制看似相當嚴謹，但供需雙方業者會努力找尋解決或替代方案，使管制成效打上折扣。例如美國政府公布對 AI 高速晶片的管制不久，業界就傳出從變更晶片設計方面找到替代方面。

3. 美國擴大「FDPR」的使用，亦即俗稱的「長臂管轄」、「治外法權」，易遭致他國的反感或抗議。而對大陸的防堵需要盟友的合作，例如晶片四方聯盟，在美國未能創造大利之下，盟友未蒙其利反受其害，且盟友之間存在產業競爭關係，此種管制措施究竟能維持多久，令人懷疑。

台灣觀點 ————

對於半導體產業，目前美國只有一句話可代表，那就是「抗中保美」。「抗中」指的是防堵大陸半導體的進一步發展、急凍大陸半導體產業。「保美」就是重振美國半導體產業，尤其是尖端製造。但從宏觀、長遠角度看，這兩條路最終都將走向絕路。

美國失去的產業力競業力追得回來嗎？

產業發展有其一定的道理。美國曾經孕育出許多傑出經濟學者，發展出許網經濟理論，但是美國政府現在的政策思維都在和這些理論、道理背道而馳；美國曾經是自由市場經濟、全球化的推動者，現在突然都在逆向而行。這樣的美國政府到底能夠走多遠？美國曾經是許多傳統產業、科技產業的發源地，現在要

不是式微就是消失了，還能夠找得回來麼？

　　產業的發展是生生不息的往升級的方向走。昔日的產業衰退了，讓出的資源提供給更具生產力的產業使用，沒有一個國家擁有無窮的資源可以霸占所有的產業。美國的半導體製造產業把不具競爭力的後段組裝封裝測移往海外，騰出的資源移用於前段晶圓加工製造；前段晶圓加工製造漸漸失去競爭力而外移，讓出的資源，又轉移到更高附加價值的設計活動。得到豐沛資源的設計研發，則帶動了美國半導體及下游應用領域的加速創新，促使美國經濟持續成長，這是產業演進的歷程，也是經濟發展的動力所在。美國已經長久失去半導體製造的競爭力，流失半導體製造所需要的人才、生態體系、發展環境，需要投下多少的資源才能把失去的產業再找回來？

　　或許美國政府所要的不是完整的半導體產業，而是只要擁有少數幾家尖端製程的企業，因此短期以優厚補貼獎勵鼓勵既有產業龍頭企業在美投資、移植外國領導廠商，長期則加速加大力道研發新一代製程技術，企圖在次世代半導體製造重回領導地位。但這可能嗎？企業是依附在產業發展，產業則是倚靠生態體系與發展環境而具競爭力。企業是要求永續發展，即使投資了，缺乏健全生態體系、沒有具競爭力的發展

環境，這些企業能夠走多遠？

鎖喉中國大陸的力量能持久？

至於防堵中國大陸半導體產業發展，一方面美國是以全球化、全球經濟、盟友利益、半導體產業進步、本國企業利益等為代價，另方面美國政府未必能遂其所願。

鏈條的強度決定在最弱的環節，鏈條愈長就愈脆弱。半導體供應鏈縱橫交織錯綜複雜，且環環相扣。在全球化之下，半導體產業分工細膩，跨國越洲，除了半導體製造上下游與軟體技術、設備、材料所構成的供應鏈，設備、材料亦有其不同長串的供應鏈。隨著製程技術的推進，供應鏈愈拉愈長。美國可以掐住大陸的脖子，讓大陸半導體產業急凍在當下，但是大陸可以不必急著解凍，只要大陸掌握幾處供應鏈環節，即可鎖喉整體半導體產業的運行，屆時美國是否需要談判妥協？

另外，美國的對大陸防堵需要盟友的加入防堵行列，美國並沒有直接掌控鎖喉的全部環節，例如荷蘭艾司摩爾的 EUV 設備。但是美國不僅未能創造大利分享盟友，只會犧牲盟友的利益，這種防堵又能支撐多久？

2022 年 12 月 2 日，荷蘭經濟事務與氣候部長阿德里安森斯（Micky Adriaansens）接受英國《金融時報》訪問就表示：要阻止中國大陸獲得尖端技術是不可能的，荷蘭不會過度限制對中國大陸出口，對於艾司摩爾公司出售光刻機給中國大陸一事，會做出自己的決定、捍衛自己的利益。顯示美國的全面防堵政策是有問題的。

　　其次美國的防堵只能拖延大陸半導體的發展，無法阻止大陸的進步。美國對大陸出口管制晶片、設備、技術、人員等，但歸根究柢管制的是技術。而技術一般是附著在人員、設備與軟體上，又以人為核心，但美國政府管得了嗎？

　　遭遇美國政府的全面封殺，大陸一定會加大力道推進技術的突破發展，也會想方設法自外取得技術。大陸擁有全球最廣大市場，是許多跨國企業所賴以為生。在生存發展的壓力下，美國能水洩不通的防堵這些企業將相關技術釋放給大陸？能夠防止人員在高利誘惑之下不私下將技術帶往大陸？

　　全球產業發展的歷史告訴我們，產業技術是會透過盡可能的管道一點一滴的外溢，讓後進者逐漸拉近技術的差距。早期某鄰國甲在發展錄放影機產業時，某些企業就是暗地聘請鄰國乙的工程師在周末拎著手

提箱前往公司指導，加速了產品製造技術的提升，類此案例比比皆是。而大陸一些半導體企業聘請曾在台積電、英特爾、三星等服務的高管，大大提升了其管理與系統整合的能力，說明了一味防堵不是最有效的方法。

換言之，**美國在半導體產業的「抗中保美」可能落得兩頭皆空的結果。**

註解

註 1　Antonio Varas, Raj Varadarajian, Ramiro Paima, Jimmy Goodrich, and FalanYiung, "Strengthening the Global Semiconductor Supply Chain in an Uncertain Era," April 02, 2021, BCG.

註 2　SIA, "2021 State of the U.S. Semiconductor Industry," September 24, 2021.

註 3　The White House, "National Strategy for Global Supply Chain Security," January 23, 2012. https://obamawhitehouse.archives. gov/sites/default/files/national_strategy_for_global_supply_ chain_security.pdf.

註 4　Executive Office of the President's Council of Advisors on Science and Technology, "Report to the President: Ensuring Long-Term U.S. Leadership in Semiconductors," January 2017. https://obamawhitehouse.archives.gov/sites/default/

files/microsites/ostp/PCAST/pcast_ensuring_long-term_us_leadership_in_semiconductors.pdf.

註 5　The White House, "Building Resilient Supply Chains, Revitalizing American Manufacturing, and Fostering Broad-Based Growth," June 2021.

註 6　Gary Clyde Hufbauer and Euijing Jung, "Lessons learned from half a century of US industrial policy," November 29, 2021, PIIE.

註 7　Robert D. Atkinson, "Computer Chips vs. Potato Chips:The Case for a U.S. Strategic-Industry Policy," January 1, 2022, ITIF.

註 8　Robert D. Atkinson, "Weaving Strategic-Industry Competitiveness Into the Fabric of U.S. Economic Policy," February 7, 2022, ITIF.

註 9　The U.S. Department of Commerce, "A Strategy for the Chips for America Fund," September 6, 2022.

註 10　Willem Thorbecke, "Exogenous shocks, industrial policy, and the US semiconductor industry," April 26, 2022, VoxEU. https://cepr.org/voxeu/columns/exogenous-shocks-industrial-policy-and-us-semiconductor-industry.

註 11　Sujai Shivakumar, Charles W. Wessner, "Semiconductors and National Defense: What are the Stakes?" June 8, 2022, CSIS.

註 12　James Andrew Lewis, "Strengthening a Transnational Semiconductor Industry," June 2, 2022, CSIS.

註 13　Reva Goujon, Lauren Dudley, Jan-Peter Kleinhans, and Agatha Kratz, "Freeze-in-Place: The Impact of US Tech Controls on China," October 21, 2022, Rhodium Group.

註 14　JETRO, "JETRO Global Trade and Investment Report 2022," July 26, 2022.

第七章

台灣半導體產業的
奇蹟與危機

台灣半導體產業概況

1976-1979 年，工業技術研究院執行政府「IC 示範工廠計畫」，1976 年與美國 RCA 公司簽訂半導體技術移轉合約，引進 4 吋 7 微米 CMOS 製程技術，並以晶片產出良品率作為技術移轉成功重要指標。

產業起步

計畫執行完成後，一方面將成果於 1980 年衍生聯電公司，另方面繼續執行大型積體電路（LSI）計畫（1979-1983 年）。到了 1984 年，行政院長孫運璿在行政院會通過科技顧問群所提建議，動用第二預備金促請工研院加速進行超大型積體電路（VLSI）計畫（1983-1988 年），將目標從 3 微米製程技術提升到 2 微米。

計畫完成後，又將技術成果於 1987 年衍生台積電公司，並以代工服務營運方式帶動 IC 設計企業的發展，從此台灣半導體產業開始開枝散葉，以代工製造為主軸，創造出當今全球半導體產業的奇蹟。

製造產業上中下游發展完整

依據資訊工業策進會產業情報研究所（MIC）在 2022 年 5 月發布的資料，2021 年台灣半導體產業的總產值達到新台幣 3 兆 7,167 億元，成長率達 26.8％。其中，IC 製造占 47.3％，成長 17.5％；IC 設計占 30.3％，成長 47.9％，

IC 封測占 16.9％，成長 18.4％；記憶體占 5.5％，成長 43.2％。如果從 2016-2021 年來看，IC 設計成長最快，使其占比從 23.9%提升到 30.0%。（見圖表 7-1）

如果以企業總部設立所在的國家為產值計算標準，依據工業技術研究院的資料，在 2020 年全球半導體產業鏈上下游總產值中，美國占 43％居第一位、台灣 20％居第二、南韓 16％居第三。若分項來看，台灣 IC 設計居全球第二，晶圓代工全球第一，IC 專業封裝測試全球第一，記憶體居全球第四。換言之，在製造產業鏈上下游發展完整，是台灣的特色與優勢所在。

圖表 7-1　2015 年與 2021 年台灣半導體產業產值

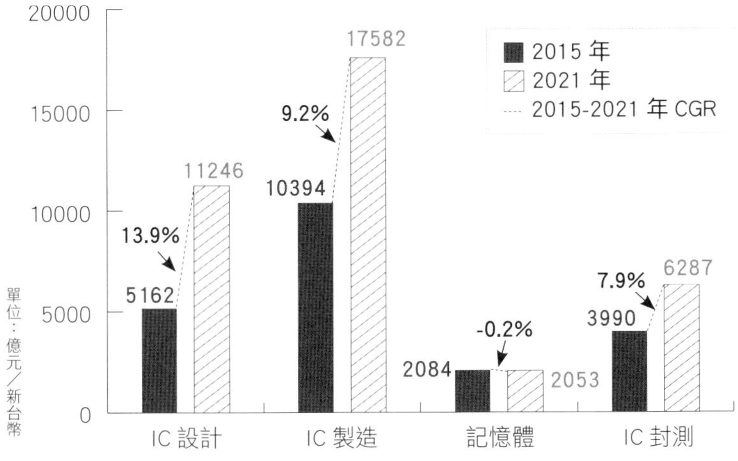

資料來源：資策會報告，2022 年 5 月。

由於 IC 設計業快速成長，以營收計，台灣在全球占有率達 24.3％居第二位，僅次於美國，排名前十大的有聯發科（第 4）、聯詠（第 6）、瑞昱（第 9）。

但日經中文網另依據 IC Insights 的資料，以〈台灣在半導體設計領域瓜分美國優勢〉為題，宣稱世界對台灣半導體的過度依存今後將進一步加重。根據 IC Insights 的統計排名，台灣首次有 4 家 IC 設計業者進入全球前十大，包括聯發科（第 4）、聯詠（第 6）、瑞昱（第 8）、奇景光電（第 10），其餘 6 家均是美國企業，認為台灣企業已開始逐步進入美國建立根據地的設計領域，從美國角度來看，已然對其構成了威脅。

其實雖然台灣有 4 家企業進入全球前十大 IC 設計排名，但這 4 家企業的規模彼此並不相當，存有若干差距，聯發科營業額占台灣前十大 IC 設計企業的 54.5％，聯詠營業額是聯發科的 27％、瑞昱是 21％、奇景光電則是聯發科不到 9％；若和排名前 3 大的美國企業相較，差距更大。

在晶圓代工方面則是台灣的最強項。2021 年台灣晶圓代工產值占全球 62％，排名第一；在全球前十大中台灣占有 4 家：台積電（第 1）、聯電（第 3）、力積電（第 7）和世界先進（第 8）。記憶體方面，台灣占全球僅 4.4％，居第四位，主要有南亞科、華邦電和旺宏等公司。

除了產值之外，台灣在半導體先進製程產能亦不斷提升。至 2021 年第 4 季，台灣 32 奈米以下製程營收占比達 64％以上；尤其台積電領先其競爭者三星和英特爾，於

2020 年第 3 季 5 奈米製程進入量產，2021 年 7 奈米及 5 奈米先進製程占其總營收達 50%。

至於 IC 封裝測試領域，台灣占全球 61.5％，居第一位。排名全球前十大有日月光（第 1）、力成（第 4）、京元電（第 7）、南茂（第 8）、頎邦（第 9）、華泰電（第 10）等 6 家。

IC 進 / 出口集中度升高

台灣半導體產業以出口為主，出口帶動半導體產業發展，並使半導體產業成為台灣最重要的支柱產業。在半導體中 IC 是最重要主力產品，根據財政部海關的統計資料，2001 年台灣半導體 IC 產品出口占台灣總出口 11.8%，2011 年占比提高至 18.0%，2022 年進一步提升為 38.4%；2001-2022 年出口複合年成長率（Compound Annual Growth Rate，簡稱 CAGR）高達 12.7%。

在台灣 IC 出口當中，大陸（包括香港）所占比重不斷攀升，2001 年大陸占台灣 IC 出口 36.4％，2011 年增為 51.1 %，至 2022 年達 58.0 %；2001-2022 年 CAGR 達 15.2%，高於台灣 IC 出口成長率。（見圖表 7-2）

同樣的，IC 占台灣總進口，以及大陸占台灣 IC 總進口的比重也都不斷升高。2001 年 IC 占台灣總進口為 15.1%，2022 年增為 20.6%；在 IC 進口中，2001 年大陸占 3.6%，至 2022 年提高到 24.4%。

若將 IC 進口和出口值作比較，2001 年 IC 進口 /IC 出

	2001 年	2021 年	2001-2021 年 CAGR
IC 出口占總出口	11.8%	34.8%	14.0%
對大陸占 IC 總出口	36.4%	60.2%	18.0%
IC 進口占總進口	15.1%	21.3%	8.4%
對大陸占 IC 總進口	3.6%	24.9%	19.4%
IC 進口／IC 出口	1.09	0.523	

資料來源：財政部海關 2001-2021 年進出口統計。

口值為 1.09，至 2022 年縮減為 0.48，顯示台灣 IC 產業在這 20 年之中快速成長，從原來進口值超過出口值迄今進口僅約占出口值的一半，而這成長主要是對大陸出口所帶動。

製造前後段分工

　　IC 的生產一般分為前段和後段，前段指晶圓的加工製造，後段則是前段生產後的封裝測試。因此若將 IC 分為晶粒／晶圓和已封裝 IC 兩部分，依據工研院產科所的統計，2021 年台灣 IC 出口中，晶粒／晶圓占 29.5％，已封裝 IC 為 70.5％；進口 IC 中，晶粒／晶圓占 30.5％，已封裝 IC 占 69.5％，進、出口結構相同。

　　這結構顯示出半導體產業複雜的供應鏈分工體系，台灣出口晶粒／晶圓到當地進行封測，完成後的產品部分提供當地下游終端產品組裝，部分運回台灣或轉運至第三地；同樣，進口的晶粒／晶圓在台灣封測後，部分提供本地下游產

品組裝，部分運回原進口地或轉運第三地，出口已封裝的
IC 就包含了此類產品。

　　台灣對大陸出口的 IC 中，已封裝的占 80％；自大陸進
口的 IC 中，已封裝的亦占了 74.5％。（見圖表 7-3）

台灣半導體產業的罩門

　　雖然在半導體製造台灣已獲得重大成就，但在製造所需
的核心設備和製造過程使用的關鍵材料主要倚賴進口。每當
台灣發生半導體投資熱潮，設備就隨之大量進口。2021 年

圖表 7-3　2021 年台灣 IC 進出口結構

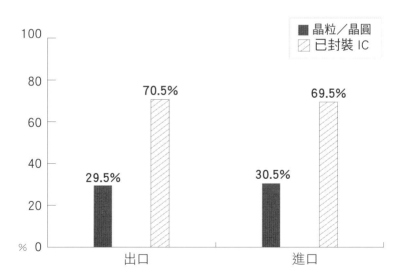

資料來源：工研院產科所。

是全球半導體大舉投資的時候，台灣在晶圓製程設備進口達 254 億美元，超過原油進口；隔年原油價格上漲，才又被原油超越。根據財政部海關 2020-2022 年進出口統計，2022 年晶圓製造設備進口來到 297 億美元，進口來源地前三名是荷蘭、日本和美國，其中荷蘭 84 億美元占 28％，主要是微影設備；若與當年 IC 出口 1,841 億美元相較，進口設備占 IC 出口為 16％。但若擴大範圍到半導體前、後段製程相關設備，則同年進口達 363 億美元，占台灣總進口的 8.5％。（見圖表 7-4）

篳路藍縷，以啟山林

當年台灣打算從美國 RCA 公司引進半導體技術的時候，據說有位美國人語帶嘲諷地說：「全世界有三樣東西只

圖表 7-4　2020-2022 年台灣晶圓製造設備進口金額與占比

	2020 年	2021 年	2022 年
設備進口金額	181 億美元	254 億美元	297 億美元
主要進口國	荷蘭（27％） 日本（25％） 美國（22％）	荷蘭（32％） 日本（24％） 美國（20％）	荷蘭（28％） 日本（23％） 美國（20％）
設備進口 / IC 出口	15％	16％	16％

資料來源：財政部海關進出口統計（設備進口依據 CCC 號碼 8486）。

有美國才能製造得出來，那就是電腦、汽車和半導體。」言
下之意是台灣憑什麼條件，竟然也想要發展半導體。當年確
實也是如此，論起要發展半導體這種全球尖端的產業，台灣
要講人才，沒人才；要講技術，沒技術；要講資金，沒資
金；要講市場，沒市場，等於是一張白紙，發展產業的條件
都付諸闕如。

從無到有、從有到頂尖的台灣奇蹟

　　而今四十多年來，一座蕞爾小島已經成為全球半導體產
業重鎮，個人電腦和筆記型電腦產值也曾高居全球市占率第
一，和那些資源條件豐富的國家相較，能不說台灣是創造產
業奇蹟的高手？

　　但是奇蹟並不是天上掉下來的，從無到有、從有到全球
頂尖，是台灣一步一腳印堆疊出來的成果。在台灣還沒開始
引進半導體 IC 製造技術之前，無形之中已經逐步在累積發
展的能量。

默默在累積的能量

　　1960 年代下半台灣開始發展加工出口產業，引進錄放
音機、電視機等視聽電子產業，對半導體零組件的知識已經
開始普及。另方面，如美商通用公司、德州儀器公司等也陸
續引進半導體二極體等製造技術。到了 1980 年代，半導體
封裝在台灣開始發展，半導體產業逐步形成。

　　在培養人才方面，國立交通大學於 1958 年在新竹復

校，設立電子研究所、半導體實驗室，大學部接續設立電子工程系、電子物理系、控制工程系、電信工程系等，早期就致力於培養半導體及相關領域的人才。

等到 1976 年，台灣與美國 RCA 公司合作引進 7 微米 CMOS 製程技術，其實在相關發展條件已長期堆疊了一些基礎，此後在半導體產業起步發展的歷程，政府在健全環境方面始終扮演著不可或缺的角色。

除了水、電、土地等基礎設施外，技術、人才和資金是半導體這資本密集且技術密集產業必要的發展資源。在技術方面，政府扮演了領頭羊的角色，以技術引領台灣進入產業發展。長期以來，政府以科技專案計畫支持研究機構和企業界建立技術能力和能量；雖然隨著產業持續成長，政府科技專案預算在產業產出所占比重逐漸被稀釋，但仍是重要的支撐力量。

從技術引進開始

在財政並不寬裕的情狀下，1974 年政府專案核准以新台幣 4.8 億元自 RCA 引進技術，並於 1975-1979 年啟動「IC 示範工廠計畫」，嗣後曹興誠先生帶領 31 人將技術成果衍生聯華電子公司；1979-1983 年政府繼續投入 12 億元進行「LSI 技術發展計畫」、1983-1988 年投入 22 億元執行「VLSI 技術發展計畫」，並由張忠謀先生帶領 130 人衍生台積電公司；1990-1995 年進行「次微米製程技術發展計畫」，衍生世界先進公司及帶動台灣 8 吋晶圓廠投資。

工研院是半導體產業的孕母

在此階段政府支持工業技術研究院持續執行科專計畫、成果衍生公司、輔導企業，發揮了帶領產業突破物理學上所謂的「靜摩擦」的功能，引發了產業起步的動力，具有其劃時代的意義。而後，政府仍長期以科專計畫支持半導體技術的研發，培養人才、強化共通性技術的開發。在這過程工研院一直扮演著技術引進、研發、擴散的核心平台；技術成果衍生公司後，仍繼續協助衍生公司建立製程改善的技術、提升產品的良率，並與衍生公司合作共同開發產品和製程技術。在台灣半導體產業發展的歷史，工研院在技術研發、人才培育、輔導企業、協助政府建構產業優質發展環境等各層面，均居於不可或缺的地位。（見圖表 7-5）

科學園區誕生

企業投資經營需要有有一個友善的環境。就在半導體產業開始起步發展的時候，政府於 1979 年公布《科學工業園區設置管理條例》，新竹科學園區於該年 1 月動土、1980 年 12 月完工，並依法成立管理局，成為台灣高科技工業發展的平台，與鄰近的工業技術研究院、交通大學、清華大學及附近的新竹工業區等共同打造了高科技產業發展的生態體系。

科學園區設廠土地採用出租方式，減輕企業投資所需資金；投資廠商除了享有免徵營利事業所得稅 5 年，進口自用機器、設備亦可免徵進口稅捐和貨物稅等。此外，園區於

圖表 7-5　政府科專計畫與衍生公司

	科專計畫	衍生公司
1975-1979 年	IC 示範工廠計畫，自 RCA 引進 7 微米 CMOS 技術	
1979-1983 年	LSI 技術發展計畫	1980 年　聯華電子公司
1983-1988 年	VLSI 技術發展計畫	1987 年　台灣積體電路製造公司
1990-1995 年	次微米製程技術發展計畫	1994 年　世界先進積體電路公司
1997-2000 年	深次微米技術發展計畫	
2003-2010 年	矽導計畫－晶片系統國家型科技計畫	
2011-2015 年	智慧電子國家型科技計畫	
2016-2019 年	智慧電子產業推動計畫	
2018-2021 年	晶片設計與半導體科技研發應用計畫衍生公司	

資料來源：經濟部。

1983 年成立實驗高中，招收高中、國中部、雙語班及雙語幼稚園等學生，解決投資企業、學術研究機構及歸國學人子女的就學問題。最重要者，園區管理局對廠商提供單一窗口的服務和便利可靠的公共設施，讓企業可以專注於本身的經營發展，成為半導體產業發展的重心。

政府協助投資資金來源

　　高科技產業通常亦是資本密集產業，對投資創業者而言，資金需求是一大障礙。1973 年行政院依據《獎勵投

資條例》規定，依特別預算程序設置「行政院開發基金」
（2008 年改為「國發基金」），投資經濟建設計畫中重要生
產事業及技術密集事業。另方面交通銀行原屬於特許銀行，
為工業專業銀行，至 1979 年改制為開發銀行，其政策性任
務是要協助策略性及重要工業發展，辦理創導性投資與創業
投資、中長期開發授信等業務。在此階段，行政院開發基金
和交通銀行成為政府在投資和貸款兩方面協助高科技產業發
展的兩隻重要手臂。

創投產業扮演推手

　　但是投資企業資金來源僅靠政府支持是相當不足的，必
須誘發民間資金共同參與。1982 年，李國鼎先生赴美，對
於矽谷創投產業協助高科技新創企業初期發展扮演的角色留
下深刻印象，回台後積極推動，1984 年，第一家創投公司
宏大成立。

　　1987 年《獎勵投資條例》修正，增加條文規定：「個人
或營利事業投資符合規定的創投公司可以享受取得股票價款
20% 的投資抵減綜合所得稅或營利事業所得稅。」此項優惠
措施誘發了民間資金投入創投產業的熱潮，促進新創科技公
司的設立和投資熱潮。可惜的是此項立意良善、對輔導中小
新創企業成立發展極有幫助的優惠於 2000 年《促進產業升
級條例》修法時被取消，復加當時美國網路科技泡沫破滅，
科技產業遭遇不景氣，創投產業的發展受到重大衝擊。

產業發展政策指引

為了促進產業的發展，政府自 1960 年開始實施《獎勵投資條例》作為產業發展的政策指引，內容包括租稅獎勵和工業區的設置等。《獎勵投資條例》實施後，中間經過多次修正，至 1991 年 1 月廢止，並為《促進產業升級條例》所取代；兩者主要差別在前者著重產業別的獎勵，後者則強調功能別例如研究發展的獎勵。《促進產業升級條例》實施近 20 年，也經多次修正後於 2010 年廢止，另為《產業創新條例》所取代，卻取消了大部分的獎勵措施。

《獎勵投資條例》階段

長期以來，鼓勵企業投資機器設備和研究發展一直是政府租稅獎勵的核心，但《獎勵投資條例》開始施行時，由於當時的時代背景是產業並不發達，因此獎勵以投資為重點。而後隨著台灣產業成長逐漸進入轉型階段，以研究發展帶動產業升級才受到政府重視。

在台灣高科技產業，特別是電腦及相關產業開始起飛的時候，1987 年修正的《獎勵投資條例》在鼓勵投資方面提供的獎勵是免稅或縮短固定資產耐用年數（俗稱加速折舊）二擇一。選擇免稅者，凡是新投資生產事業符合獎勵類目及標準者，可自產品銷售或開始提供勞務之日起 5 年內免徵營利事業所得稅；增資擴展者，新增所得仍可以享受 4 年免增營所稅。選擇加速折舊者，機器設備耐用年數 10 年以上者得縮短為 5 年，房屋、建築及交通運輸設備縮短三分之一；

增資擴充時，新增機器設備同樣可依加速折舊規定辦理。

另外，對於資本密集或技術密集之生產事業擇用免稅獎勵者，得在開始銷售之日或勞務開始提供之日起，2 年內自行選定延遲開始免稅期間，最長不超過 4 年。此項規定主要是考慮到資本或技術密集產業開始產品銷售時，企業仍可能處於虧損時期，需經相當時間才能突破損益平衡，此前免稅獎勵對該等企業並無實質利益，反而浪費了獎勵的美意。

至於鼓勵企業研究發展，主要有兩項規定，一是生產事業研究發展實驗費用准在當年度課稅所得內減除；另一是企業年度研發費用超過以往 5 年度最高支出之金額者，其超出部分之 20％得抵減當年度營利事業所得稅額，當年度不足抵減者得在以後 5 年度抵減。

由上可知，《獎勵投資條例》的重心在鼓勵對產業別的投資，另方面顯示政府對企業的貼心，讓企業可以選擇享受免稅開始之日，讓獎勵具有實質意義。

《促進產業升級條例》階段

《獎勵投資條例》施行近 30 年，於 1991 年 1 月廢止，改由《促進產業升級條例》（簡稱促產條例）取代，以促進產業升級為目的，著重功能別的獎勵如鼓勵研發、人才培訓、汙染防治、建立國際品牌形象等。

在租稅優惠方面，《促產條例》廢除了對投資企業五年免稅的重大優惠，改以對企業投資於功能別的支出的投資抵減。該條例實施近 20 年，中間經過數次修正，獎勵有關規

定亦經過多次調整。企業投資於自動化設備和研究發展的獎勵是最重要的主軸，自動化設備投資抵減的演變如下：

- 1991-2001 年 → 同一課稅年度購置自動化設備總金額達新台幣 60 萬元以上者得就購置成本按 20％（國內產製）、10％（國外產製）抵減應納營利事業所得稅；但加入 WTO 之後不再區分國內外產製。
- 2002-2003 年 → 抵減率從 20％降為 13％。
- 2004-2005 年 → 抵減率從 13％降為 11％。
- 2006-2009 年 → 抵減率從 11％降為 7％。

對於投資研究發展的抵減規定其演變如下：

- 1991-1998 年 → 年度研發支出達新台幣 200 萬元或達營業收入 2％以上者，得按 15％抵減營所稅；支出達 200 萬元且超過營業收入 3％者，其超過部分按 20％抵減營所稅。
- 1999 年 → 年度研發支出達新台幣 200 萬元或達營業收入 2％以上者，得按 20％抵減營所稅。
- 2000-2001 年 → 年度研發支出達新台幣 150 萬元或達營業收入 20％以上者，得按 25％抵減營所稅；支出總額超過前兩年度研發經費平均者，超過部分按 50％抵減營所稅。
- 2002-2009 年 → 研發支出按 30％抵減營所稅；支出總額超過前兩年度平均數者，超過部分按 50％抵減營所稅。

從以上有關投資生產設備與研發支出的營利事業所得稅抵減率的變化，可以知道，政府的獎勵政策一方面減低對企業生產設備的租稅優惠，另方面則逐步加強對研究發展活動的鼓勵，符合促進產業升級的意義。

《產業創新條例》階段

　　《促進產業升級條例》實施至 2010 年廢止，改以《產業創新條例》取代，對企業投資於生產設備的獎勵於 2010-2018 年間完全取消，至 2019 年修正條例，新規定改為企業投資智慧機械，其支出可當年抵減 5％，或分 3 年抵減 3％。

　　至於在研發方面，2010-2015 年研發支出可按 15％抵減營所稅。2015 年起研發支出可於當年度抵減 15％，或 3 年度內抵減 10％。

　　由上可以發現，在電腦、半導體等高科技產業快速成長的階段，政府在研發創新提供了相對優厚的獎勵措施，引導投資者和產業投資發展的方向；但近十幾年來，由於台灣政經環境變遷，產經決策受到外力掣肘，政府不論是在鼓勵投資或研究發展的政策措施，已經是被大幅縮水，慢慢走上聊備一格之路。

　　從此亦可知，美國政府所公布的《供應鏈百日評估報告》指稱台灣半導體產業享有土地建廠等優厚補貼獎勵，已與 10 多年來台灣的情況完全不符。

人才外流與回流的循環

　　人才是任何科技產業發展最寶貴的資源，台灣要從新興發展中經濟體進入已開發經濟體，從傳統產業轉型進入高科技產業，面臨的重大挑戰是人才不足。早期台灣流傳一句話：「來，來台大；去，去美國。」去了美國就留在美國發展不再回來；其中許多理工方面的人才到了加州，參與了矽谷科技產業的發展，對台灣而言，這是「人才外流」的時代。但等到台灣科技產業開始發展，提供了創業、就業和商機，這些人才又開始回流，或者成為兩岸（太平洋兩岸）企業商業往來重要的媒介，對台灣科技發展注入了新的活力，呈現「人才回流」的景象。

　　依據美國普查資料，1990 年加州矽谷移民占地區科學與工程師人力達 32％，三分之二來自亞洲，其中來自中國者占 51％，絕大多數又來自台灣；來自印度者則占 23％。另根據 Dun & Bradstreet 1998 年資料，矽谷高科技公司之 CEO 為中國出生者達 2,001 家，以家數計占 17％、營業額計占 13.4％、就業人數計占 10％[註1]。

　　2001 年的時候，加州大學教授 AnnaLee Saxenian 曾對矽谷 2,300 位受訪者調查，其中 88％是外國出生。在台灣出生的受訪者中，知道有 1-9 位親友回台工作或創業者占了 70％，知道 10 位以上回台者占 17％，不知道者僅 13％。此外加州公共政策研究院 2002 年的報導，矽谷受訪的來自台灣的科技專業人員中，以全時方式參與新創公司設立、營運的占 34％、部分時間參與的占 17％，顯示矽谷創業風

氣之盛，也透露出矽谷蓄積了許多來自台灣的創業科技人才。受訪人員中，一年回台一次者占 40％，回台 2-4 次者占 20％，5 次以上者 50％^{（註2）}。

　　從以上各種統計、調查可以知道，台灣早期人才外流美國滯留不歸，主要是台灣缺少工作或發展機會。等到台灣科技產業發展的時機到來，有的回台創業，有的回來工作；留在美國繼續發展的，也扮演著太平洋兩岸科技產業合作發展最佳的推手，「人才外流」和「人才回流」構成了一個美好的「人才循環」。曾有一度新竹科學園區管理單位的統計，園區新創企業的 CEO 中，每三位就有一位是從美國回來。

DRAM 產業重摔一跤的教訓

　　台灣半導體製造除了晶圓代工之外，DRAM 記憶體產業原本也是重要的支柱。南韓三星是 1983 年決定進入 64K DRAM 生產、隔年完成生產線，台灣則於 1990 年代才進入 DRAM 製造，已是落後南韓 8-10 年時間，主要問題一直卡在缺乏技術與籌建 DRAM 生產工廠所需龐大資金。

DRAM 起步跌跌撞撞

　　台灣最早的 DRAM 公司是由在美國的華裔團隊國善、美國茂矽與華智等回台於新竹科學園區所創立，但皆苦於缺乏生產工廠，因此只能將產品外包生產，如華智外包日本 SONY 與南韓現代生產 256K DRAM，茂矽外包日本富士通

生產 16K SRAM、南韓現代電子生產 64K SRAM、日本夏普生產 256K SRAM 等。

至 1989 年，宏碁公司因為本身電腦產品需要使用大量 DRAM，因此與美國德州儀器公司成立德碁半導體，投資 6 吋廠製造 DRAM，於 1992 年投產；其後續建 8 吋廠，但因逢不景氣虧損，加上德州儀器將 DRAM 部門賣給美光，1999 年德碁被台積電併購，成為最早退出 DRAM 的製造業者。

另外，於 1987 年成立的茂矽電子遲至 1993 年始建設 6 吋 DRAM 生產線，於 1994 年投產。1996 年茂矽又與西門子半導體部門合資成立茂德電子，設置 8 吋 DRAM 廠。

為了繼續推進台灣半導體的製程技術，以及建立獨立自主的 DRAM 技術能力，1990 年政府再度委託工研院執行「次微米計畫」，建設 8 吋晶圓生產線，以 DRAM 為載具，四年之內快速追趕世界技術水準，成功開發出 0.5 微米製程技術，1994 年將成果衍生為世界先進公司。該公司後來雖開發出 0.25 微米製程，但是到了 0.18 微米，卻因設計團隊四散人才不足而陷於瓶頸，終因虧損嚴重，不得不於 2004 年轉型為晶圓代工，成為第二家退出 DRAM 製造的公司。

但是，由於次微米計畫的執行以及世界先進公司的成立，政府起了帶頭作用，順勢帶動了力晶、南亞科、茂德、華亞科等公司的成立與成長。於 2008 年，台灣 DRAM 月產能占全球約 39.9％，僅次於南韓的 40.3％。但以個別廠商計，南韓三星占 25.3％，高居第一；其次是台灣的力晶

17.0％、南韓海力士 15.0％、台灣華亞科 10.3％，其餘都在
10%以下。

2008 年，美國第四大投資銀行雷曼兄弟倒閉，觸發美
國金融危機、造成全球經濟海嘯與需求大幅下跌，DRAM
廠商相繼遭遇營收大幅縮水、經營困難，德國奇夢達公司首
先不支，在 2008 年宣布破產；台灣業者亦虧損持續增加，
財務危機嚴重，社會發出希望政府出面整併的聲音。

速食心態，導致弊病叢生

如同陳水扁時代政府策略性產業「兩兆雙星」強調
「量」的成長目標，邁入 2000 年代 DRAM 產業在台灣快速
成長，至 2000 年代下半，主要 DRAM 廠商有力晶、茂德、
華亞科技、南亞科技、華邦電子五家，2006 年並加入力晶
集團與日本爾必達公司合資設立的瑞晶電子。這些企業主要
營運方式是從國外大廠取得授權、移轉技術，並替技術母廠
代工，對企業永續成長存在極高的風險。六家企業分屬兩大
源頭，力晶、瑞晶、華邦電、茂德等公司屬於爾必達陣營，
南亞科和華亞科則屬於美光陣營。

當時台灣 DRAM 業者所生產的產品以標準型 PC
DRAM 為主，國外技術大廠的經營策略是：領先開發新一
代的產品、率先進入量產、擴充產能，取得成本優勢。由於
標準型 DRAM 產品生產具有典型的學習曲線效應，累積產
量翻倍時單位生產成本會降低 20-30％，因此技術大廠搶先
進入量產、擴大產能可獲得競爭優勢。但是 DRAM 需求容

易受下游景氣影響,且競相擴大產能亦容易造成產能過剩、市場供過於求的風險,因此技術大廠採用委託被其授權者代工與自有若干產能的雙元策略,彈性因應市場需求的波動、確保企業的營收利潤。

台灣 DRAM 的致命傷

技術大廠的優勢就是被授權者的劣勢。相對技術授權母廠,台灣 DRAM 業者在競爭上始終無法跳脫以下的困境:

(一)技術無法自主,始終受制於人,永遠落於人後。2009 年第一季,三星電子標準型 DRAM 已進入 50 奈米階段、海力士和美光在 60 奈米製程,台灣業者除了力晶在 60 奈米,其餘尚處於 70 奈米階段。

(二)量產時間落於技術母廠之後,生產成本相對較高,只能倚靠低價降低獲利競爭。

(三)技術母廠以委託代工方式避開景氣風險,景氣下挫時優先運用自有產能,台灣業者承受產能利用率下降、營運虧損擴大。據估計,台灣業者 2010 年第四季產能中,技術母廠代工占比就高達三分之一。

(四)DRAM 產品每個世代的壽命約 1.5-2 年,台灣業者取得技術移轉必須支付費用 2 千 5 百萬至 3 千 3 百萬美元,甚至高達 5 千萬美元;另外,以合約替技術母廠代工時,通常須按市價折扣 15-20％收費。換言之,台灣的 DRAM 半導體產業宛如國際技術母廠的殖民工廠,不僅仰人臉色,且須承擔營運風險與低投資獲利。

景氣滑落，產業陷入困境

在如此的經營模式之下，如處景氣平穩時候，企業尚能維持小確幸；但如遇景氣滑落，可能就是大難臨頭。

2006 年全球 DRAM 產值成長 32 ％，隔年開始出現衰退 7.4 ％；至 2008 年全球經濟海嘯，進一步下挫 23.2 ％；到了 2009 年仍衰退 6.7 ％。南亞科、華亞科、茂德、力晶集團和華邦電子等 5 家業者從 2008 年第一季逐季虧損到 2009 年第四季。2007 年 5 家合計虧損新台幣 370 億元，2008 年擴大虧損至 1,172 億元，其中南亞科虧損 352 億元、力晶集團估計虧損 320 億元、茂德虧損 245 億元、華亞科虧損 181 億元、華邦電虧損 74 億元。

此外，5 家業者長、短期負債金額龐大，2009 年底借款總額達新台幣 3,413 億元，2009 至 2012 年所需償還金額分別為 909 億、861 億、679 億、622 億，部分業者面臨嚴重財務危機；即使短期景氣回升，亦無力再投資設備，推進新的製程。由於記憶體產業是半導體的重要部門，因此社會上出現希望政府能出面整合相關業者的聲音，希望能強化記憶體產業的持續發展。

當時政府考慮到 5 家 DRAM 業者各有不同的技術合作夥伴與代工合約，各家企業財務體質不同、各有不同主力銀行、各企業負責人對其企業有顯著的不同期待等複雜因素，要在短期間予以整併幾乎不可能；且若技術不能自主、營運模式不做重大改變，即使能整併成功亦無重大意義，並難以維持長久，因此若要重整產業必須有突破性的做法。

移動裝置興起，產業再造契機

就在此時，產業和市場出現了轉折的機會，標準型 PC DRAM 記憶體雖已進入成熟期，移動裝置如手機所應用 DRAM 卻出現成長的契機，可為 DRAM 產業帶來新的活水，是一個值得盡早投入發展的領域。

另方面，此時爾必達公司經營上也遭遇困境，產業有關人士和爾必達公司負責人初步洽談，若台灣政府願意籌組新的公司致力於移動裝置 DRAM 的發展，該公司願意免費提供全部的智財和台灣合作開發。

基於以上兩項有利要素，經濟部於 2019 年 3 月規劃推動成立新的 DRAM 公司，初步取名台灣記憶體公司（TMC），由政府國發基金參與投資。嗣後經濟部依據函送行政院核定的「DRAM 產業再造方案」公開邀請廠商提送計畫書，台灣創新記憶體公司（TIMC）提出申請並完成審查程序，行政院同意有條件由國發基金參與投資，其條件包括：

1. TIMC 須與爾必達簽訂技術授權合約（爾必達事先同意免費使用所有智財）；
2. 爾必達對等投資 TIMC，形成相互持股聯盟關係。

爾必達公司與 TIMC 的合作得到日本政府在背後的支持，為了表示對該合作案的重視，經產省數次派遣主管官員前來台灣，洽談台日合作推動 DRAM 產業發展。

不當政商關係介入，功敗垂成

但在此關鍵時刻，部分企業為本身利益暗地反對 TIMC 計畫，有的透過美國國會議員及媒體批判台日 DRAM 合作違反 WTO 規定，企圖干擾政府政策；另有企業積極遊說立法院國民黨和民進黨黨團幹部、經濟委員會主要委員等，力阻 DRAM 再造方案的進行。立法院預算中心甚至在未弄清楚 DRAM 產業未來發展機會與 TIMC 的營運架構之下，率爾於 4 月公布「DRAM 產業再造方案及政府投資 TMC 應編列預算送本院審議之研析報告」，反對該方案，其反對理由包括「無異成立一家禿鷹公司，伺機低價吞併現有廠商」等荒誕至極的說法。

於是，從 2009 年 6 月至 11 月，立法委員利用政府預算審查機會，前後 5 次連續提案決議企圖全面阻殺國發基金參與 TIMC 投資或 DRAM 產業再造，參與提案者涵蓋執政黨和在野黨立委，讓人見識到財團勢力之險惡。此期間恰逢台灣發生八八風災，行政部門忙於救災工作，內閣並於 9 月改組，DRAM 再造方案乃暫時中止進行。

至 2010 年 1 月，經濟部官員前往日本，分別與經產省主管官員和爾必達公司負責人洽商繼續推動「DRAM 產業再造方案」。經產省認為我方原規劃國發基金參與 TIMC 投資未能實現，日本政府已無支持本案的必要；爾必達則認為原規劃合作架構既然已有改變，因此提出其新的合作架構，替代原來政府間合作不需支付權利金模式，回到台日廠商間原來既有合作模式，即運用爾必達設計專利必須支付權利

金。基於日本政府已不再介入支持本合作案，且日方所提新的合作模式偏離我方建立自主技術的政策目的，本項產業再造方案乃告終止，台灣因此失去政府間結合台日力量共同發展 DRAM 產業、對抗南韓的機會，甚是可惜。

記取慘痛教訓

從台灣 DRAM 產業的重挫和「DRAM 產業再造方案」的受阻，可以獲得兩個重要的教訓：

一、半導體製造屬於「艱困」產業，兼具技術密集與資本密集的特性，維持技術和市場自主是企業行穩致遠的必要條件。唯有持續技術的精進，維持技術的領先地位，以及擁有充裕的資金來源作後盾，持續研發和設備投資，才能取得創造獨特競爭優勢的空間。**若只想著眼短期獲利，寧願依附在具有競爭關係的企業之下求得一時的棲身之所，輕忽產業和市場變動帶來的衝擊，甚至對市場抱持過度樂觀不切實際的期待，必將遭致失敗。**

二、政商不當關係介入政府行政，往往破壞國家整體利益。此種見不得人行徑雖為人所唾棄，在標榜民主政治的社會卻又無所不在。政府施政必須事先妥為預防，將該類非理性因素於政策推動時納入考量因應。

懷璧其罪 —— 台灣半導體面對的政治風險

　　隨著半導體製造製程節點的推進，愈來愈多的企業被技術拋棄在後頭，製程節點在 180 奈米時，全球尚有 29 家廠商。到了 16 奈米 /14 奈米，只剩下三星、英特爾、格羅方德、中芯國際、聯電和台積電等六家；進入 10 奈米製程更是剩下英特爾、三星和台積電三家。

台積電獨領風騷，三大罪狀別有企圖

　　但英特爾自於 2019 年進入 10 奈米後，7 奈米製程就一直推遲不前；而在 7 奈米、5 奈米技術階段，台積電始終領先三星半年以上的期程，在製程技術上台積電宛如皇冠上的明珠。

　　另方面在代工市場領域，依據 TrendForce2022 年 4 月資料，台灣 4 家業者 2021 年全球市占率合計高達 64％，台積電更獨領風騷占 53％；2019 年 10 奈米以下市場台積電占有 92％，幾乎囊括所有先進製程產品。但是，站在金字塔的頂尖也引來風險。

　　2020 年下半，汽車產業需求逐漸從疫情中恢復，車用晶片短缺現象逐漸浮出水面，且愈來愈嚴重，肇致全球多家汽車大廠生產中斷，影響經濟復甦，促使德國、日本、美國政府透過管道向台灣求助。2021 年《經濟學人》雜誌報導，如同 20 世紀全球經濟對石油的倚賴，讓荷姆茲海峽成為重要戰略地位，而這條經濟命脈已經轉移到台灣與南韓生產晶

片的少數科技園區。此同時《彭博社》引用大陸歐盟商會主席 Joerg Wuttke 的說法：地緣政治緊張紛擾如出口管制、政治干預等，供應鏈可能會因產能以外因素中斷，導致晶片短缺問題頻繁發生。

此後，有關對台灣半導體產業不利的論調不斷蔓延，來自不同方面且背後各有不同企圖，而其環繞重點不外：（1）台灣處於地緣政治高風險，（2）對台灣晶片倚賴過重，（3）台灣對半導體產業高度補貼三者。

媒體開始點火

在媒體報導方面，2021 年 4 月，日經中文網報導：〈全球過度倚賴台積電的風險在提高〉；6 月道瓊社指稱：「全世界倚賴台灣一家晶片業者，讓所有人都容易受傷害」；Capital Economics 則直說：「倚賴台灣的晶片對全球經濟是個威脅」。

甚至到了 2022 年 4 月，日經中文網持續發布〈尖端半導體台灣一體化風險提高〉、〈台灣在半導體設計領域瓜分美國優勢〉等報導，傳播對台灣產業耀眼成就的恐懼。

美國官員背後盤算

政治人物的言論則以美國為主。2022 年 5 月美國商務部長雷蒙多陪同拜登總統訪問南韓三星公司，在接受媒體訪談時催促美國會盡速通過《晶片法案》（CHIPS），並稱美國從台灣購買 70％最先進晶片並不安全，強調美國必須自

製晶片。

其實這已不是雷蒙多首次發表「台灣風險論」，打從2021年年中她就不斷地散播，卻從來沒看到台灣蔡英文政府做任何適當的處理，讓「台灣處於地緣政治風險」的論調一直在國際政治、產業、媒體間像病毒一樣傳播。

2021年7月，雷蒙多一方面表示：「地緣政治風險是美國要減少倚賴台灣生產的原因」，另方面又說：「我們非常倚賴台灣，台灣目前是盟友」，顯示出美國正在操弄其一貫的兩面手法。於是在美國棍子與胡蘿蔔齊發之下，台積電2021年5月宣布斥資120億美元在亞利桑那州設置先進晶片工廠；動工一年多，美國政府說要給的補貼卻還懸在半空中。而即使台積電已進行到美國設廠，仍止不住雷蒙多對台灣的中傷，同年11月芝加哥、底特律兩經濟俱樂部演講，雷蒙多還一再地鼓吹她的台灣風險論。

甚至到了2022年2月，雷蒙多接受CNBC訪問時又表示：「美國正危險的倚賴台積電，而台積電總部所在的台灣正處在脆弱狀態。」歸納雷蒙多的言論，其目的就是美國要有自己的先進半導體製造，而要吸引投資，對半導體工廠和研發的補助則是不可或缺的政策工具。為了合理化該項政策的急迫性，於是拿台灣作敲門磚，這三塊磚頭就是：美國先進晶片過度倚賴台積電、台灣處於高度地緣政治風險、台灣政府給半導體產業高度補貼，這些論點說穿了都相當荒謬。

此外，產業界方面以英特爾執行長基辛格為代表，一方面搭私人飛機來台爭取台積電先進製程的產能，另方面公開

反對美國政府對台積電前往美國設廠的投資補助，和商務部長雷蒙多一樣典型的雙面人作風。

競爭者的嘴臉

基辛格在 2021 年 6 月 24 日自費投書《POLITICO》：〈不只是製造，美國晶片生產投資須支持美國優先〉（註3），文中一方面支持促進美國的創新和 IP，主張政府應投資在美國 IP 及能力的建立，認為政府應將美國納稅人的錢用於總部及最關鍵資產，包括專利與人員留在本地的公司；另一方面堅決反對覬覦美國補貼的外國晶片製造者將其有價值的 IP 保留在海外，將其最好的獲利與最先進的製造留在那裡，並指出即使台積電將於 2024 年在美國開始第一座工廠營運，公司仍將最先進產品放在台灣生產。在結語中，基辛格告訴美國政府可有兩個選擇，一是單純的提供優惠，補助在美國投資生產晶片；二是促進半導體產業生態體系發展，使美國未來成為世界上製造技術最好的地方。

基辛格文章的主要目的，固然是在爭取美國政府對其在美國俄亥俄州晶片廠的 200 億美元重大投資的補貼，同時也在排擠台積電等競爭對手在美國投資並接受政府的補助。

除了到美國亞利桑那州投資 5 奈米製程晶片廠，台積電也於 2022 年 6 月啟動在日本茨城縣筑波市建立的研發中心，據報導，日本政府擬補助約 190 億日圓；另外台積電與索尼、電裝等公司合作在熊本縣新設晶片工廠，日本政府擬補助約 4,760 億日圓。日經中文網以〈日本鉅額補助台積電會

有果實嗎？〉質疑日本政府的補助無助於經濟安全，以及台積電掌握的新技術如何回饋日本是未知數；該文認為：「按照現行制度，即使台積電利用日本的國家經費推進研發，進而取得成果，也可能並不會回饋日本，而是獨占技術帶回台灣。」其論點和英特爾基辛格的話語如出一轍，不能說二者完全沒有關聯。

綜合以上國際間對台灣半導體產業相關負面的言論，其產生的影響可能是多方面的：包括國外顧客轉單或尋求次供應商、企業出走、外資減少、業者到海外投資設廠遭遇與本土企業差別待遇或被不合理要求等。

矽盾護得了台灣嗎？

半導體產業或台積電在台灣被稱為「護國神山」。顧名思義，護國神山的意思是台灣的安全靠它保護，其意義和「矽盾」相同。澳洲記者艾迪森 2001 年出版了《矽盾：對抗中國攻擊的台灣的保護》一書[註4]，接著 2009 年製作了 58 分鐘《矽盾》的紀錄片，主要內容在敘述台灣的半導體產業是美國、大陸甚至全世界不可或缺的戰略物資，此讓台灣有了矽盾的保護，在某種程度上保障了台灣的安全，讓大陸不會輕易武力犯台。經過 13 年後，艾迪森不久前又推出《矽盾：2025》紀錄片新版本，仍舊強調台灣半導體的優勢遏制了大陸的進犯。

艾迪森的論點得到許多人的信仰，例如蔡英文總統 2020 年臉書上就宣稱矽盾是足以保障台灣的半導體，並在

2021年投書美國《外交事務》（*Foreign Affairs*）刊物，表示矽盾讓台灣免於遭受威權政體激進破壞全球供應鏈的企圖。但是這種論調真的經得起考驗嗎？

2022年2月俄羅斯甘冒天下的大不韙入侵烏克蘭，造成全球能源、糧食、礦物等重要物資供應鏈中斷，觸發全球物價上漲，西方國家則只能在旁跳腳，無法給烏克蘭直接的保護，戳穿了矽盾信念的不可靠，畢竟在國際上政治的考量是高過經濟。

美國《國家利益》雜誌（*The National Interest*）2022年5月刊登了〈矽盾對台灣和美國是一項危險〉一文[註5]，對美國和台灣提出警告，認為矽盾是一個過時的概念，這概念促使台灣認為大陸在乎從台灣取得穩定的晶片供應而遏制大陸的入侵，並相信西方的客戶會基於其利益保護台灣。因此，使台灣獲得雙重遏制的保護；但是如果這信念是錯誤的，台灣的脆弱激發大陸的攻擊，美國的干預也無法足夠的保護，台灣「雙重遏制」就成了「雙重災難」。

該文認為大陸正致力提升本土半導體製造的能量，美國同時鼓勵半導體能產回流本土以減少對台灣的倚賴，台灣的矽盾在逐漸減弱，因此呼籲美國應協助台灣的國防力量，但美國政府有這樣的想法嗎？

在美國政府的眼中永遠只有自己的利益，即使犧牲他國亦在所不惜。美國正採取多元化途徑確保先進晶片的來源，首先，最直接的方法就是壓迫台積電前往美國設廠，雖然張忠謀一再表示在美國生產成本過高，但這是從經濟上的考

量，美國政府的思維則是從國安為出發點，所謂成本效益並不是其最優先的因素。

第二條路是和日本共同研發更先進的 2 奈米製程。據 2022 年 7 月 29 日日經中文網報導，日美兩國政府將以量產量子計算機使用的新一代半導體為目標進行共同研究，研發基地將設置試驗性生產線，預期 2025 年將在日本建立量產體制。第三條路則是扶植台積電以外的第二供應商，例如南韓三星、美國英特爾等，雖然該等廠商目前在代工領域尚難以與台積電匹敵，但假以時日即可具有台積電能力。美國政府正在削薄矽盾對台灣的保護力，台灣還能夠期待護國神山護守台灣嗎？

台灣半導體產業的未來險阻重重

台灣從一無所有發展到今天，在全球半導體製造領域居於關鍵地位，為世所矚目，當然是許多因素共同促成，其中有政府政策、企業奮鬥、產業機會與運氣等，但未來產業面對的環境和過去迥然不同，除了半導體產業本身在技術、市場進入到嶄新的階段、產業結構業已歷經動態劇變，許多國家加入新的競爭行列、國安與地緣政治因素介入產業運行，台灣更困於缺地、缺水、缺電、人才、缺工等「五缺」問題。面對此波譎雲詭、險阻重重的挑戰，許多人都在擔心：台灣半導體產業的未來究竟在哪裡？

台灣能承載多大規模的半導體製造？

半導體產業是台灣經濟的重要支柱，2022 年 IC 占台灣出口的 38％；換言之，台灣的產業發展嚴重向半導體產業傾斜，而台積電則是台灣的護國神山，台積電設廠在哪裡，就帶動當地的就業機會和房地產價格攀升。但相對其他產業，半導體製程耗電、耗水、耗人才。以台灣之蕞爾小島，資源極其有限，這塊土地能夠承載多大規模的半導體製造、多大規模的台積電？

就電力而言，台積電雖致力節能減碳、購買綠電，但隨著產能擴大、製程精進，用電需求仍快速增長。2019 年該公司用電約 130 億度，2020 年來到 169 億度，成長 18％，占台灣總用電量約 6.7％。如以 2016-2020 年來看，台灣總用電量平均每年成長 1.6％，台積電用電每年成長率平均達 13.7％，遠高於台灣的供電成長。在全球晶片不足以及國際競爭壓力下，台積電的重大新、擴建投資居高不下；2021 年該公司資本支出 300 億美元，2022 年預計拉高至 440 億美元，持續推升用電需求。據估計，至 2025 年其用電量將達台灣的 8％。未來耗電強度更高的先進製程若依計畫陸續加入生產，用電將達台灣 10％，台灣能否負擔得起？

電從那裡來？

台積電之外，其他半導體廠包括力積電、華邦電、聯電、美光等新、擴建計畫亦正陸續加入量產行列，極紫外光（EUV）設備數量增多，耗電約成熟製程所用深紫外光

（DUV）設備的十倍，擴大電力供應吃緊窘態。政府雖一再保證電力供給無虞，但學者、專家依據數據推估而言之鑿鑿：台灣即將面臨缺電危機。在全台缺電情狀下，即使政府保證優先供電，台積電不缺電就能保證運轉正常嗎？

1999 年 921 大地震，南投中寮變電所崩塌。平時北部電力就已供需失衡，此時南電北送的中繼站受損，北部必須分區輪流供電。為了維持新竹科學園區正常運作，政府決定優先供電園區。但半導體業者陳情，要求優先供電給園區外某家廠商，因為缺了這家廠商的供貨服務，半導體廠有電也動不了，這就是半導體產業細密分工產生的供應鏈效應。

此外，台灣是個重視公平分配的社會，特定產業和企業因政府政策而使用過多資源，易引發社會的相對剝奪感。以台積電為例，其在綠電的購買和設廠土地的取得上具有優勢，且獲得政府政策上的獨特支持，於法、於理，台積電雖都站得住腳，但由此引發的社會觀感問題不可小覷。更何況未來台灣一旦嚴重缺電，包台積電在內的半導體製造業者亦無法獨善其身。為了未雨綢繆，一方面固然政府必須承擔擴大電力供應的責任，產業結構亦須調整，業者應規劃最佳全球布局策略，將成熟、低附加價值製程逐步移往海外。

還有用水問題

用電之外，用水部分，依據台積電公司年報，台積電雖致力於節約用水，單位產品用水量 2021 年較 2020 年減少15％，預計至 2030 年將下降 30％，部分廠區製程用水回收

並已達 90％以上，但其 2021 年總用水 8,267 萬立方公尺，較 2020 年的 7,726 萬立方公尺仍成長 7％，2020 年占台灣工業用水的 4.3％，用水量成長高於台灣供水的成長；而隨著先進製程的比重增加，總耗水量的成長會更高。

自 1970 年代台灣給了半導體製造最能創造競爭力的環境，業者工廠主要集中在台灣，成就了全球半導體產業重鎮。但除了面對國際局勢丕變，國內發展資源窘迫，晶圓製造廠不能無限制地在台灣擴增下去。製造業者必須基於其未來的成長擘劃新的全球布局，而政府則一方面應該在政策上配合產業需要，協助企業在海外建立新的發展基地，另方面應研提未來半導體產業發展藍圖，引領產業發展走向，讓半導體產業在台灣永續成長，同時資源得到最佳運用。

產業獎勵自毀長城

多年來政府產業政策的演變，從最早對投資「產業別」（策略性產業、高科技產業）的獎勵演進到對「功能別」（如研究發展）的獎勵，租稅的獎勵類別由多變少，獎勵的幅度也逐漸縮小。

產業獎勵日漸縮水

2010 年開始實施的《產業創新條例》，僅剩下對對研發的投資抵減，抵稅幅度從《促進產業升級條例》時最高的 35％ 縮減為 15％；投資設備的抵減率亦從促產條例最高

的 20％縮減至 3-5％，幾可說是聊備一格。換言之，近十多年來，台灣對產業的補助並無美國白宮《百日供應鏈評估報告》所說的「超高補助」。

此外，政府的產業政策還有一個特色，從《獎勵投資條例》、《促進產業升級條例》到《產業創新條例》，台灣從未有針對任何特定單一產業立法，給予特別的獎勵措施，即使是號稱「護國神山」的半導體產業或台積體都一體適用相關產業發展條例。

產業歧視的開始

但到了 2007 年，為了特定私人的利益，蔡英文於行政院副院長下台後，立即夥同翁啟惠、陳建仁等人將其量身訂製的《生技新藥條例草案》避開行政院的正式途徑，私下透過管道，運作立法院快速通過立法；一般立法的程序是由主管機關提出，送請行政院召開跨部會審查通過後，再送請立法院審議。該草案不僅對新藥公司的投資者提供超高租稅優惠，且對新藥公司給予優厚的租稅獎勵，例如研究發展可以享受高達 35％的抵稅，遠高於半導體等高科技產業的 10％ - 15％；此外，該條例排除《公務員服務法》的適用，讓特定公務員可以取得新創公司數量不受限制的股票、擔任公司創辦人等官商不分的惡法。因此在蔡政府執政之下，政府對半導體產業的支持日漸乏力。（見圖表 7-6）

圖表 7-6　不同條例對投資之租稅優惠比較

獎勵類型	生技新藥條例	產業創新條例
研發或人才培訓之投資抵減	1. 對研發及人才培訓皆適用 2. 投資抵減 35% 3. 自有應納營利事業所得稅起 5 年內抵減 20%	1. 僅研發適用 2. 投資抵減 10% -15% 3. 當年度抵減 15%或分 3 年抵減 10%
股東投資抵減	1. 營利事業股東抵減 20%營利事業所得稅 2. 天使投資人投資之 50%減免個人綜合所得額，每年最高減免 300 萬	無

資料來源：2007 年公布《生技新藥產業發展條例》、2022 年修正公布《產業創新條例》。

不情不願的修法

在美、歐、日等先進國家紛紛祭出優厚補貼和租稅獎勵促進先進半導體製造之後，迫於產業界壓力，蔡英文政府不得不跟著修正《產業創新條例》。2022 年 11 月 17 日，行政院院會通過產創條例修法，對產業界研發支出的所得稅抵減從 15%提高到 25%，號稱台版「晶片法案」。

但該修正案公布之後，業者發現，若要享受 25%的研發支出抵減必須符合嚴格的附加條件，且當年度研發支出金額必須達到新台幣 50 億元，而能夠符合如此嚴苛資格的企業僅有極少數特定半導體廠商，因此立即引發企業界反彈，據傳背後是財政部堅持反對給產業界較高的研發抵減。在眾怒難犯之下，行政院只好要求經濟部再修正條例，放寬享用

研發抵減 25％的條件送至立法院審議，終於 2023 年 1 月 7 日三讀通過修法，但仍附加了企業必須位居國際供應鏈關鍵地位、有效稅率達一定比率等條件，限縮了適用較高獎勵的企業。

從政府對產創條例修法的態度可以知道，政府對半導體產業的未來發展，並未給予應有的重視，而是把該產業當做 ATM，坐享其成。

產業科技預算被排擠

除了租稅獎勵措施，政府在科技預算方面的投入是產業政策重要的一環。過去台灣政府運用科技專案預算支持工業技術研究院研發並將成果衍生聯電、台積電和世界先進等公司，開創並支撐半導體產業的發展，成為全球半導體產業發展成功的知名典範；另方面，科專預算亦提供補助，協助企業研發創新技術和產品，以及在產業環境方面協助產業發展。

但是近年來，政府科技預算不僅未隨產業發展而增長，反而呈現減少現象。此外，科技預算的結構也發生轉變，偏重學術研究，產業科技所占比重逐漸減少。主要是科技預算的分配由少數借調自大學的學者所掌控，這些學者雖懂實驗室技術，卻對科技政策和產業發展外行，預算的分配未能以績效為準則；而產業主管機關經濟部的首長若不是不懂產業和產業科技，就是輕忽了科技預算對產業發展的作用和重要性，一任產業科技預算停滯不前，遑論以科專預算形成能帶

動產業新發展方向的整合性長期計畫。（圖見表 7-7）

　　半導體產業是資本密集、技術密集、人才密集的產業，相對目前美國、歐盟與日本等先進國家對重振半導體製造產

圖表 7-7　中央政府科技與主要單位科技經費預算占比

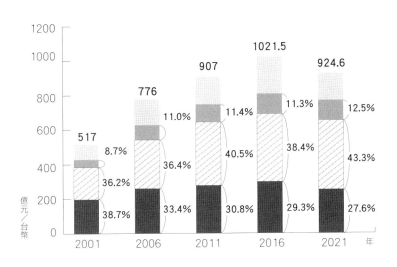

年		2001	2006	2011	2016	2021
總預算		517 億	776 億	907 億	1021.5 億	924.6 億
經濟部		38.7%	33.4%	30.8%	29.3%	27.6%
科技部（註）		36.2%	36.4%	40.5%	38.4%	43.3%
中央研究院		8.7%	11.0%	11.4%	11.3%	12.5%

＊此處的科技部原為「國家科學委員會」，2022 年又改為「國家科學及技術委員會」。

資料來源：國科會，《科學技術統計要覽》歷年資料。

業的重視，以及對半導體產業投資、研發的獎勵與政府投入，我政府所提供的獎勵和科專計畫投入均有所不足，完全拋棄產業發展所賴以成功的政策工具。面對國際競爭的嚴峻挑戰，政府必須重新檢視修正產業創新條例的政策措施，積極鼓勵半導體產業的投資、研發、人才培訓等，並且重視科技預算的增長和分配，不管是獎勵措施或科技預算，均應以產出績效為依歸。

不可被取代的地位是唯一出路

台灣的半導體產業是一步一腳印打造出來的，除了台積電是全球先進製程製造的領頭羊，代工業、IDM、無廠設計業、封裝測試業及相關設備、材料、建廠等支援產業構成一個多元化完整的生態體系，也因此成為台灣最大和最重要的產業支柱。

但是面對國際激烈的競爭以及國際政治的波譎雲詭、強敵環伺，台灣的半導體產業的未來其實危機重重。在競爭方面，除了歐洲、美國、日本、印度和大陸等加強產業政策的力道積極發展半導體產業，勢將改變全球半導體產業的競爭生態，三星電子與英特爾對代工業務的覬覦之心表露無遺，企圖取台積電而代之，未來亦將促使先進製程的競爭白熱化。

而在地緣政治方面，在美中高度對抗、美國全力阻絕大陸高科技產業發展的動盪情勢下，台灣被推向地緣政治高風

險的核心。而台灣目前在半導體尤其是先進製程製造不可被取代的地位既是全球重要經濟活動所倚賴，台灣的地緣政治風險同時使倚賴台灣核心晶片成了全球焦慮的熱點。對於如此的矛盾困境，有的國家想要建立本土的供應鏈，做法之一是邀請台積電前往投資設廠，而美國則是直接施加政治壓力半脅迫台積電赴美國投資，其最後企圖無疑是在取台灣而代之。

　　如果仔細研析美國在與大陸對抗、重振半導體產業等所採行的措施，包括晶片四方聯盟、印太經濟架構（IPEF）、《晶片法案》、脅迫台積電赴美投資、與日本合作研發新一代相當製程節點 2 奈米的量產技術等，以及大陸中芯國際出乎意料之外突破 7 奈米製程量產技術等，不能不讓人懷疑：美國政府除了希望本土重振半導體製造、掌握未來下一代尖端製造技術之外，另一主要目的就是要在美國本土擁有比台灣（也就是台積電）更先進的製程技術，一則維持美國在尖端晶片的穩定供應，重拾美國為半導體製造領導者的地位，另方面則是要防止台灣最尖端的製造技術外流到中國大陸，尤其兩岸僅是一衣帶水之隔且交流頻繁。

　　換言之，短期之內美國在布建本土半導體產能之時仍須仰賴台積電的先進製程，另方面則全力防堵中國大陸取得先進設備和設計工具（EDA），拖延大陸半導體技術的進步；中長期之後，俟其取得更新一代先進製程技術和產能，逐漸擺脫對台積電的倚賴，可能採取對大陸類似的管制措施或其他手段，延遲台灣台積電技術的進步，並且進一步防止大陸

從台灣取得最先進製造技術。

台灣為何重要？

2005 年 5 月 16 日，美國《商業週刊》封面故事以〈台灣為何重要？〉（Why Taiwan Matters?）為題，報導台灣高科技產業發展，聲稱若沒有了台灣，全球經濟就無法正常運作。

文章描述台灣資訊電子企業和美國科技大廠密切合作，台灣廠商發揮產品設計和整合製造的彈性、創新優勢，不管訂單多寡，甚至小到只有 10 台電腦的訂單，都能快速交貨滿足顧客需求。台灣建立的優勢結合了企業文化和有效的政府參與，遠非廉價勞動成本所能及。

有趣的是，當時兩岸之間尚處於緊張狀態，陳水扁政府的台獨與大陸主張的統一形成對峙，但兩岸同時也進行某些形式對話，促使局勢趨於緩和。處於夾縫中的台商，希望能掌控供應鏈的設計和創新，而把大部分製造業務移往大陸。

該文指出，若要用培養第二供應商來取代台灣已在產品設計中心和大陸工廠所建立的緊密網絡，至少需要一年半以上的時間，且須付出龐大代價，美國在資訊科技產業無法發展出沒有台商參與的供應鏈。

產業創新走廊

如果將空間拉大，該篇報導實際是在描述從美國、台灣到大陸所形成的一條產業創新走廊，載具是資訊科技產品，

包括個人電腦、筆電、平板電腦及之後的智慧手機等。在這長河，美國掌握一頭一尾的科技和品牌行銷，台灣扮演產品設計和供應鏈整合製造中心，大陸則是實現低成本生產的工廠，三者實踐高效率垂直分工，將新興科技快速轉化為廉宜商品、滲透全球市場。

科技創新需要持續投入巨額研發，因此強調快速回收以進一步投入新一代技術的開發，此創新走廊加速了產業創新良性的循環。而藉著此創新走廊，2019 年台商在大陸出口百大中占 32 家，出口金額占 43％，並且帶動台灣對大陸出口快速成長及經濟成長。

第二條創新走廊

但是這條跨越亞太的創新走廊已逐漸產生質變，大陸因為經濟快速發展帶來整體製造成本升高，另外大陸也漸次發展出本土供應鏈，加上美國客戶例如蘋果公司刻意培植在地供應商，台商面臨轉移生產基地的壓力。恰逢 2019 年美中貿易戰進入白熱化，川普政府一波接一波對來自大陸的進口貨品實施懲罰性高關稅，包括蘋果公司等美國大客戶配合其政府政策將大陸產能部分移轉至其他國家，如河川遇阻改道，美、台、中產業創新鏈開始鬆動；加上 2020 年新冠肺炎疫情猖獗，全球封城、封境四起造成產業鏈斷鏈，促使各國嚴肅評估如何強化供應鏈的永續，加大全球供應鏈變遷的壓力。

面對種種變局，台灣必須掌握鍵時刻以當前新的優勢產

業為基礎，打造第二條跨越亞太的創新走廊。

　　半導體尤其 IC 是驅動 5G、物聯網、人工智慧、智慧製造、車輛自駕與新能源車輛等新興科技應用及國防武器創新的核心，掌握半導體等於掌控全球重要的經濟活動。台灣在 IC 設計製造已經建立舉世矚目的地位。IC 產業基本上分設計、製造、封裝測試三大部分，台灣具上、中、下游高度整合的優勢，聯發科在 IC 設計排名全球第四，台積電和聯電分居第一和第三，日月光和矽品亦分居第一、三位，記憶體和晶圓廠也有多家知名企業。尤其在晶圓代工，台灣業者全球市占率高達 65％，台積電先進製程更是領先其他競爭對手。

　　基於以上，第二條創新走廊的載具應在資通訊產品之上增加半導體 IC，兩者相互結合尤可發揮提升競爭力的綜效。廊帶上游涵蓋美國、日本等技術先進國家，下游從大陸延伸到東協，構成一條從美國經東北亞、東亞到東南亞既寬且長的產業創新長河。在此廊帶上，美國擁有技術、專利、設備、品牌行銷，日本具有設備、特用化學品、材料、特殊用途半導體等資源，大陸和東南亞擁有廣大下游市場，台灣居於廊帶承先啟後的樞紐位置。持續維持台灣在半導體不可被取代的地位，可說是現今台灣處於地緣政治唯一的出路。

打造工業技術研究院為國際尖端技術創新中心

　　半導體產業跟著技術的演進而持續發展，猶如在攀爬坡度愈來愈陡峭的山峰，新技術開發的困難度愈來愈高，創新

愈來愈倚賴跨學門技術的整合，許多企業也就愈來愈倚靠外部的研發機構。即使是研發生態體系最頂尖的美國，在半導體《晶片法案》中，也安排預算要成立國家半導體技術中心（NSTC）與國家先進封裝製造計畫（NAPMP）兩新機構，加強既有美國半導體研發組織對產業的協助。

日經中文網報導（註6），東京電子將參加比利時研究機構微電子研究中心 IMEC（Interuniversity Microelectronics Centre，簡稱 IMEC）主導的聯盟，與荷商艾司摩爾等半導體設備商合作，共同開發新製程。IMEC 是一國際著名研究機構，以其良好的知識產權制度與跨國企業建構了卓越的聯合研究模式，與設備商、材料商和半導體製造商等進行合作，完善試製下一代製造設備，吸引國際優秀研發人員參與工作，並與合作企業共享研究成果。在參與 IMEC 的研究計畫，東京電子將提供在半導體晶圓上進行光刻膠（感光劑）塗布和顯影的新型設備，搭配新一代 EUV 光刻設備使用，東京電子並將派遣大批工程師參與。

除了 IMEC，美國半導體製造技術聯盟（Semiconductor Manufacturing Technology，簡稱 SEMATECH）是另一家著名的研究機構，以實現開放式創新獲得產業界的重視和支持。SEMATECH 於 1987 年成立，由 11 家公司組成，後來增為 14 家；台積電公司也於 2011 年加入 SEMATECH 而為其成員。

SEMATECH 經過多年磨合、經驗累積，在組織結構、運作模式與合作方式不斷變革，成功發展為國際間產、學、

研合作的聯合創新中心，對結合半導體製造上中下游及設備、材料等業者開發製造設備、製造技術等，扮演重要角色。參與的成員不僅願意支持經費，且願派出研究人員參與研發計畫。經由集中研發，減少重複投資浪費，達到研發成果共享。對於各企業不願投資的較上游的技術或共通性的技術，採取共同研發的方式可以加速突破技術的障礙。至於共享的研究成果，參與或負責研究的成員不必擔心自己的技術會遭洩漏，因為其他成員還需對合作研究成果做進一步研發後，才能將該成果落實到自己公司。

　　台灣的工業技術研究院因為長期執行政府科技專案計畫以其成果衍生聯電、台積電與世界先進等公司，將台灣帶進半導體產業的領域而成為國際知名研究機構，並將其在研發方面累積的技術協助企業創新發展。工研院的特色在於其有跨學門的研發組織，可以發揮技術整合的能力，並且長期以來政府賦予輔導民間的任務，以產業技術研發為主，而非封閉在學術研究的象牙塔之中，與產業互動頻繁，成為半導體產業重要的創新支柱。遺憾的是近年來政府對工研院的任務的重視大為降低，對工研院經費的支持維持在多年前的水準，因此難以再產生對產業發展有開創性的成就。

　　面對美國的科技鎖喉，以及各先進國家致力尖端半導體的發展，半導體產業的競爭將愈來愈激烈，技術的推進突破將是愈為困難，台灣以其為世界的半導體製造王國，必須再次以工研院作為產業界研發創新的支柱，在科技研發經費予以長期穩定充分的支持，重新檢討組織、人員、運作方式，

研擬未來研發策略，在共通性、個別企業進入障礙高、產業發展瓶頸、具有平台效益等特性的技術研提開創性的計畫引領產業發展，並積極結合外國企業、研究機構的參與合作，讓工研院成為與 IMEC、SEMATECH 等各具特色的國際創新平台，與產業界共創台灣半導體產業不可被取代的地位。

取得國際重要話語權

但是若要建構此亞太第二條創新走廊使台灣居於廊帶核心，台灣必須採取對內與對外雙軌路徑。

對內方面，政府必須以推動半導體產業為第一要務，進一步發展應以人才為重、研發為基礎、下一代關鍵材料、技術與設備為導向、產業生態體系為競爭力來源，創造產業發展新的驅動力量，提升整體產業發展的環境。

對外方面，政府應採行一「主」、一「輔」策略，主軸策略指運用政策工具推動產業與跨國企業在技術、軟體、設備、材料及市場等多方面建立策略性合作聯盟，強化跨國產業生態體系，建構合作互信的相互依存關係；輔助策略方面，台灣缺乏半導體下游應用市場，政府應致力於與上下游夥伴國家搭建產業合作的制度或平台，促使雙方產業在多層次的合作能夠緊密流暢。

2000 年全球資訊科技高峰會（IT Summit）在台灣盛大舉行，由於台灣是當時 IT 王國，加上政府與受託主辦單位軟體協會積極推動，各國資訊科技重要領導人物例如微軟創辦人比爾・蓋茲、HP 公司總裁卡莉・費奧瑞納等都前來與

會，盛況可謂空前，加強了台灣在資訊科技產業的領導地位。以今日台灣在全球半導體製造扮演的重要角色，整府應與民間產業合作，搭建類似的跨國定期活動平台，強化台灣在全球產業和經濟無法或缺、不可被取代的地位。

台灣觀點 ————

半導體產業是台灣的驕傲，台灣也以能創造出如此資本密集又技術密集的產業而驕傲，尤其是台灣從一無所有開始，憑藉一步一腳印打造出讓全球經濟所倚賴的產業。

三大成功之道

其實台灣發展半導體產業的模式足以作為全球各有心發展或重振半導體製造的國家的典範。在半導體產業發展的歷程，台灣缺乏類似日本的綜合性大電機公司和南韓的大財閥，可以帶領突破進入半導體產業的障礙；也沒有類似美國的國防軍用市場，可作為產業成長的商機。在產業發展上，政府藉科技專案計畫支持技術研發，然後將成果衍生公司，而後將扶植出來的新興企業置於市場的自由競爭之下，**由市場決定其存亡**，這是台灣半導體產業成功之道之一。

在協助半導體產業突破進入障礙的同時，政府的另一重要工作在致力打造科技產業發展的環境，包括科學園區的設置、產業獎勵措施的調整、人才的培育延攬、資金市場的改善、基礎建設的配合、法規的改革、制度的建立、行政效率的提升等。在這些工作之中，最重要的是政府並不直接干預市場的運作及個別企業的營運，而是專注持續提升整體產業的競爭力。在美國傳統自由市場經濟與日本傳統產業政策積極介入企業營運之間，**台灣政府找到了最好的位置，適如其分的扮演了讓產業和企業在健全的發展環境下自行發揮競爭效率的角色，這是台灣半導體產業成功之道之二**。

但是，**良好的產業發展環境並不是自然發生或從天而降，而是要靠熟悉產業的專業文官體系像工程師一點一滴的打造**；尤其產業環境是動態的，法規制度是死的，必須倚靠這些專業文官發揮協調、整合功能，讓發展環境與時俱進。台灣過去政府施政注重經濟，強調科技產業發展，**重視專業文官，體系上下之間思維一致、政策推進順暢，產業政策與產業發展環境之間形成良性互動的作用**，這是台灣半導體產業成功之道之三，也是各國在產業發展所忽視的幕後的推手。

產業發展環境是根本

1997 年筆者帶領生技投資促進訪問團前往美國波士頓，目的是要吸引生技企業赴台灣投資。當時拜訪一家著名的生技研發企業 Biogen，接待訪問團的 CEO 告訴筆者，他很熟悉台灣的半導體產業，因此問筆者：「生技醫藥和半導體產業有何不同？」待筆者回答之後，他問說：「那麼台灣現在有什麼條件可以吸引我去投資？」

當然是沒有，因為當時政府才開始要推動生技新藥產業發展，整體發展環境尚付諸闕如，缺乏人才、法規、制度、資金、產業上下游生態體系，甚至社會一般人士對生技根本不瞭解，創投業者對生技新藥投資是叫好不叫座。

但是，20 多年來政府逐步打造生技產業發展環境，包括設置生技園區、科技專案投入、設立新藥查驗中心、完善法規、投資基金參與投資等，本土生技醫藥已成新興科技產業，並有業者研發新藥成功獲得美國、歐盟等 FDA 許可，證實了建構良善產業發展環境的重要，而非是一味仰賴優厚的補貼獎勵。

慎防美國陰謀

台灣半導體產業發展至今才只是進行了上半場，

下半場要面對的挑戰更為險惡，尤其是美國的居心和手段。為了包括重振本土半導體產業的多重目的，美國施壓台積電前往美國設廠，同時讓台積電接受政府補助，吞下 10 年內不可在大陸擴增所謂的先進製程的毒丸。美國政府的計謀就是先讓台積電答應赴美投資 5 奈米廠，然後得寸進尺，要求其擴增 3 奈米廠，並在此時加速自行投資研發 2 奈米以下製程技術，扶植本土企業，取台積電而代之，到時台積電被利用的價值已大為降低，台灣的產業價值跟著下滑。

過去的成就不能保證未來的成功。當前南韓、美國、日本及歐盟對半導體產業的發展都有完整的策略規劃，半導體產業是台灣的產業支柱，卻獨不見台灣的政府提出半導體產業的長期策略或因應方案。**展望未來，作為一個負責任的政府，必須至少就：如何協助產業全球布局、如何進一步台灣的產業環境提升研發創新能力、如何克服美國的阻礙並維持台灣在尖端製程的領先地位等三大問題研提完整的策略計畫，作為未來長期施政的方針和產業發展的指引。**

註解

註 1 PPIC, "Silicon Valley's Skilled Immigrants:Generating Jobs and Wealth for California," Research Brief issue #21, June 1999.

註 2 PPIC, "Silicon Valley Immigrants Forging Local and Transnational Networks," Research Brief issue #58, April 2002.

註 3 Pat Gelsinger, "More than manufacturing:Investments in chip production must support U.S. priorities," POLITICO, June 24, 2021.

註 4 Craig Addison, "Silicon Shield:Taiwan's Protection Against Chinese Attack," Fusion Press, 2001.

註 5 Christopher Vassallo, "The Silicon Shield Is a Danger to Taiwan and America," The National Interest, May 15, 2022.

註 6 日經中文網，〈東京電子瞄準 1 奈米半導體設備加強外部合作〉，2021 年 11 月 4 日。

第八章

全球持續陷於動盪不安

未來全球半導體產業肯定將陷於動盪不安的局勢，為企業經營帶來不確定的風險與成本。造成此動盪的因素來自內外兩方面：一是半導體產業本身在技術、產品、市場、應用領域、企業營運模式等內在組成要素的變動與激盪，不斷帶動產業結構的蛻變；外在環境方面則遭遇更大的衝擊力量，此衝擊力量一則來自美國對中國大陸科技發展採取全面防堵的戰略，還有源自各主要經濟體掀起半導體製造本土化的浪潮，運用產業政策改變既有的供應鏈體系。但無庸置疑的，美國帶來的衝擊是遠高於後者。

美國是半導體產業動盪的根源

依據國際貨幣基金在 2022 年發布的《世界經濟展望》（*World Economic Outlook*），美國加上中國大陸的經濟總量，在 2020 年約占全球的 42％，兩者之間的關係影響全球經濟至為重大。

美中對抗帶來全球衝擊

2019 年，美中貿易戰來到這些年來新一波的高潮。根據 WTO 的統計資料，2019 年美國的出口成長率從 2018 年的 7.7％銳減為負成長 1.4％，中國大陸則從 9.9％驟減為 0.5％，全球出口跟著從成長 9.9％轉為負成長 3.0％，影響全球經濟成長率從 3.6％降為 2.9％。2020 年結合新冠疫情衝擊，全球經濟進一步衰退為負成長 3.1％。（見圖表 8-1）

圖表 8-1　美中貿易戰衝擊全球出口成長率（％）

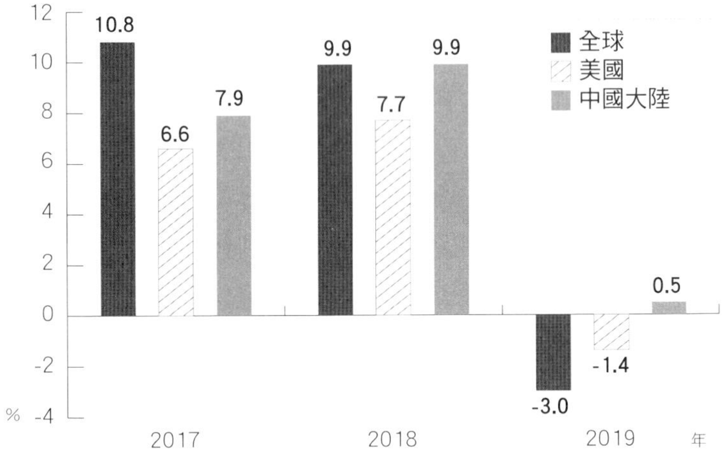

資料來源：整理自 WTO《World Trade Statistical Review》歷年統計資料。

美國政策大轉變

　　美國智庫 CSIS 專家 William Alan Reinsch 曾為文指出：
國安顧問蘇利文承認，美國過去 25 年的政策是對於對手保
持一到二世代技術的領先，拜登政府現在則正朝向超越這政
策，致力擴大對大陸的技術領先、抑制大陸軍事能力。換言
之，美國過去的政策是允許大陸的科技與時俱進，唯一的條
件是要和美國的科技水準保持若干世代的落後，這種政策可
讓美國和大陸雙方達到雙贏的效果。[註1]

　　但是基於兩項基本的原因，讓美國回到冷戰時期廣泛的
管制，趨向對大陸全面防堵。一是中國大陸一直在追求技術

與產品自主發展的道路，甚至竊取美國智慧財產權；而隨著雙邊關係的惡化，以及美國擴大制裁措施，促使大陸更加速朝目標推進。另一原因是中國大陸的軍民融合主義，民間企業被期待或要求支援軍方，結果使得大陸不再有可靠的終端使用者，過去美國區分民用終端使用者、終端使用和軍方使用者的政策不再管用。

或許美國對大陸科技的發展全面防堵可以達到其政策目的，阻礙或拖延大陸半導體產業的進步，但對全球半導體相關產業已造成多方面的衝擊。

短期衝擊特定，長期影響深遠

至 2022 年 10 月美國公布新的出口管制規定，對大陸的衝擊是局部的，大體限定在特定產品（先進與 AI 高速運算晶片）、特定出口對象（實體名單）、特定用途（軍事、安全）等範圍，因此對半導體產業的衝擊是有限的。但是隨著美中對峙情勢愈趨嚴峻，以及半導體技術精進，應用領域更為廣闊，軍、民用途完全融合，管制範疇會隨之擴大，甚至管制美國客戶使用大陸晶片等，不只對大陸，且對全球半導體產業的發展會有深遠的影響。

依據日本貿易振興機構（JETRO）2022 年的報告，目前全球半導體 IC 出口中亞洲占 87％，進口也占約 88％，一方面顯示亞洲是全球半導體生產重鎮，另方面亦是由於亞洲是全球重要的資訊電子產品組裝工廠，進口大量 IC 等電子零組件，其中中國大陸扮演了重大角色。

經過近 8 年來，大陸以舉國之力推進，半導體產業已是區域產業鏈的重要環節。單純從 IC 項目來看，中國大陸是全球半導體 IC 出口和進口最大的基地。2021 年大陸 IC 出口占全球 15.3％、進口占 35.4％；另香港 IC 出口占 20.7％，進口占 21.1％，主要扮演轉口角色，香港和大陸合計占全球 IC 出口 36％、進口 57％。[註2]（見圖表 8-2）

除了表面上的數字，若進一步細看，IC 還分為已封測和尚未封測的產品兩大類。以台灣為例，台灣出口至大陸的 IC 項目中約 20％屬於尚未封測產品，在台灣完成前段晶圓

圖表 8-2　全球 2021 年半導體 IC 出口各國占比

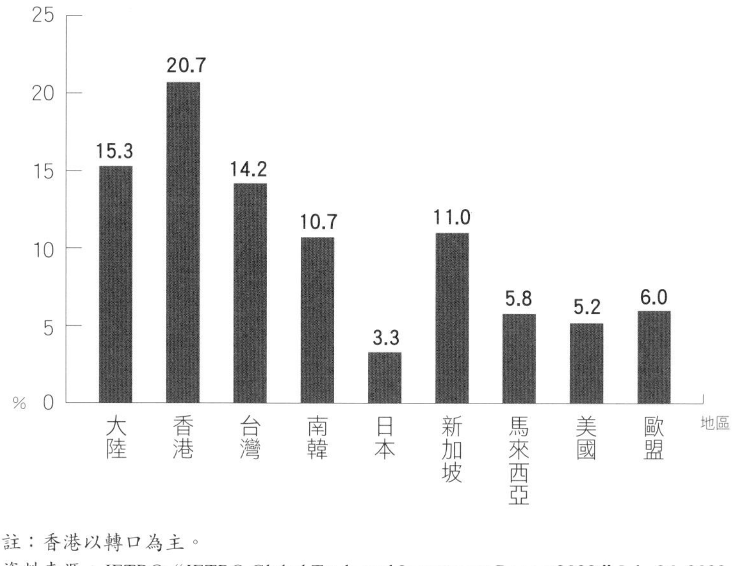

註：香港以轉口為主。

資料來源：JETRO, "JETRO Global Trade and Investment Report 2022," July 26, 2022.

製造之後，輸往大陸完成後段封測製程成為最終產品，部分供大陸下游組裝業者使用，部分再出口；而自大陸進口中亦有約 25％是尚未封測半成品，顯示 IC 產品的進出口還隱含著製造上下游分工的密切關係。

而在進出口地方面，大陸的 IC 出口中，東協 10 國約占20.3％；東協的 IC 出口占全球 23％，其中大陸和香港合計占 58％，顯示大陸和東協之間建構了綿密的產業鏈關係。

另依據 Gary Clyde Hufbauer and Megan Hogan 的研究[註3]，2021 年全球半導體出口平均單價：大陸為 0.19 美元、台灣 0.32 美元、南韓 1.08 美元、美國 2.16 美元，可知大陸的半導體產業以低端成熟產品為主，因此整體而言，目前美國對大陸的相關制裁影響應是侷限在先進高端方面。但未來隨著管制措施的多元、範圍擴大，受衝擊面也會逐漸往中、低端擴展，而由於大陸是重要的半導體生產基地，對產業鏈的外溢衝擊會逐漸浮現。

對供應鏈及投資外商的衝擊重大

大陸是目前全球最大、成長快速的半導體市場，晶片、設備、材料等龐大的需求帶動相關產業的創新和發展，美國對大陸的防堵措施，直接衝擊這些供應鏈產業的成長和創新的速度。全球景氣熱絡時，掩蓋了這些潛在的不利因素，俟景氣消失、需求下滑，所有的問題一一浮現。受傷害最大的，除了大陸，就是美國相關業者，因為美國業者是設計、智財核、設計工具、設備和晶片的主要供應者。

以設備供應商為例，美國主要業者其 2021 年營收中大陸市場所占比重各季平均：應材約 34％、科林研發 33％、柯磊 27％；而對無線通信晶片主要企業高通而言，自 2018 起，其營收來自中國大陸者即占了近 70％，衝擊至為重大。2022 年 10 月，美國政府對大陸進一步祭出晶片禁令之後，為長江存儲主要設備供應商的科林研發即表示，2023 年營收估計會減少 20 億至 25 億美元，相對其 2022 年第三季的營收約為 50 億美元，損失不可謂不重。

除了大陸半導體業者受到嚴重衝擊，在大陸投資的外商亦因受到管制而遭重大影響，間接影響到全球供應鏈的穩定，例如南韓三星、SK 海力士等公司。三星是全球最大記憶體廠商，大陸西安廠是其在海外最大 NAND 生產據點，占三星總產能約 42.3％、全球市場 15.3％；SK 海力士則是全球第二大 DRAM 廠商，大陸無錫廠占其產能約五成、全球產能約 15％，不僅對該等公司造成必須另尋生產基地的壓力，對全球供應鏈同時產生相關衝擊。

嚴重影響先進半導體技術創新循環

近半世紀以來，半導體產業發展的基本軌跡是市場帶動技術的進步，技術的進步又擴大下游應用領域、促進市場成長，彼此之間構成創新良性循環。但是，此種良性循環目前卻面臨美國對大陸科技防堵的破壞，勢將遲緩半導體科技創新的速度。

伴隨半導體技術的推進，產業也愈來愈研發與資本密

集，企業需要更多的資金投入研發創新，製造也需要投入更龐大的資金在新一代生產設備，一些 IDM 業者面臨資金和人才的壓力，無力兼顧設計開發和製造，因此轉為無廠設計，將資源集中在研發設計領域，而把製造交給代工業者，由其專注製造技術的升級，因此促使創新速度提升、產品生命週期縮短、投資加速回收，產生良性的創新循環。

前面說過，大陸是目前全球最大、成長快速的市場，美國對大陸先進半導體的出口管制措施將使無廠設計企業、代工業者和設備、材料配套企業的商機受到衝擊，這些受衝擊者皆屬尖端晶片相關領域，營收減少將迫使業者對先進半導體的研發和製造技術的投入減低，進一步破壞半導體產業的良性創新循環，其間受傷最重的，無疑是美國的相關企業。

群雄並起，各擁一片天

隨著半導體技術的演進，在經濟與國家安全的重要性持續提升，各已開發國家和新興經濟體陸續運用產業政策，甚至動用政治力量，致力重振或發展半導體產業，未來全球半導體產業將呈現群雄並起，各擁一片天的局面。

對美國、歐洲和日本等先進國家來說，曾經擁有過半導體全盛時代的美好日子，當前主要目標在恢復尖端半導體的製造；而對於台灣、南韓等則是後來居上，要與先進國家在先進領域繼續一爭長短。對以舉國之力發展的中國大陸而言，則是要達到自給自足及主導技術的目標；對於印度，則

是想藉用其潛在廣大內需市場在半導體產業爭取一席之地，各競爭者依據其發展優勢預計將在不同產品、市場領域擁有一片地盤。

美、日、歐搶進先進高端領域

產業發展有其一定的道理，失去優勢的產業要想再找回來，那是幾近不可能的事，只會徒勞無功。

目前美國、日本、歐洲在半導體供應鏈不同環節各占據不同主導地位，各國在重振半導體製造產業有幾個相同之處，一是重點都放在先進製程的製造，例如美國已經放棄製造的 IBM 公司於 2021 年發表領先全球的 2 奈米技術、2022 年 10 月宣布在紐約 10 年投資 200 億美元的設廠計畫，發展與製造半導體、AI、量子運算等。日本政府則力促 8 家企業共同成立名為「Rapidus」的新公司，以「Beyond 2 Nano」次世代運算邏輯半導體製造技術為目標。歐洲亦於 2022 年 2 月公布晶片法案，設定於 2030 年達到先進晶片全球占有率為 20％的目標。

其次是美、日、歐都著重以政府補助為政策工具促進半導體投資設廠，例如台積電前往日本、美國投資設廠，都接受當地政府的相對補助獎勵。

第三個相同點是除了促進本土企業投資，美、日、歐都歡迎外國企業前往投資先進半導體工廠，運用外資企業強化其半導體供應鏈的韌性。

第四個相同點是先進製造之外，都強調在技術上的研

發，由政府支持企業、研究機構對先進技術與運用的研究，甚至推動跨國合作計畫，例如美、日兩國積極推動 2 奈米以下更先進半導體技術的合作。

因此美、日、歐在目前半導體製造的基礎之上所在追求的目標主要侷限在先進製造領域，而非全面性半導體供應鏈的自主，競爭的定位區隔在高端環節。

而這麼多國家投入龐大的資金補助研發、投資設廠，接下來要面對的問題是：除了固守原來在半導體供應鏈已占據主導地位的環節，如何在當地已失去競爭力的產業環境進行新領域長期的競爭？

台灣、南韓面對新的競爭局勢

台灣是當前全球代工基地，南韓則在半導體記憶體擁有一片天；台積電和三星電子是目前全球半導體製程最領先的企業，正努力朝 2 奈米的方向邁進，英特爾則緊跟在其後。面對美、日、歐運用優厚補貼獎勵搶進尖端半導體領域，並且有可能在未來進一步採取某些非關稅障礙保護其本土先進製造，台灣與南韓企業所要面臨的挑戰有二，一是如何維持技術的領先，另一則是如何擴大市場的占有率。

在保持技術的領先，除了要在研發方面繼續投入大量的研發經費，由於技術的突破障礙愈來愈高，企業必須融入國際技術創新體系，與多國、多機構進行研發合作，運用國際創新資源互補本身的核心技術。

至於擴大市場占有率，先進半導體最大應用市場一般在

先進國家，日本和美國都有保護國內市場的前科，為了突破此障礙，台灣和南韓企業必須重新規劃全球布局策略，確保市場當地的商機。

即使面對新的挑戰，台灣和南韓企業在未來新一代製程仍舊享有部分的優勢條件。所謂次世代的技術必須植基在當前先進技術的基礎之上，台灣和南韓的企業已經累積了多年的量產技術，這是美、日、歐所欠缺的，也是後者所必須借重的寶貴經驗。

大陸半導體產業發展受到嚴重挫阻

自 2014 年以來大陸加度力度推進半導體產業發展，雖然引發投資浪潮，也在設計、製造、封測、設備等環節重點扶植出一些標竿企業，但基本上仍以自外引進投資、技術為主，距離國產化目標落後甚遠。

目前大陸在半導體製造以中低端產品為主，龍頭企業中芯國際雖然突破進入 7 奈米領域，但是相對引發美國的警覺，預期會更進一步鎖住該公司，防阻其在晶片製造有新的進展。

在美國的擴大出口管制措施之下，預料大陸半導體設計、製造與應用將被凍結在目前的水準，必須倚賴自主研發或大陸放寬相關管制措施才能有所進展。因此可以預見，除了大陸將會持續擴大其在中低端半導體以及利基領域產品的發展，對已成熟製程產品市場帶來更為激烈競爭的局面之外，為了突破美國的管制，大陸將會在設備、材料、軟體等

力求國產化，對國際上既有的供應商同時帶來競爭的壓力。

印度半導體產業從零開始

在各發展半導體產業的國家中以印度最為特別，因為印度迄今仍以服務業為主，一般工業生產體系尚未發展健全，而半導體產業所需具備的發展環境遠比一般產業的條件更高，在各方條件尚付諸闕如的情況下，印度要面對的問題更多。雖然有樂觀人士說，美中對抗給了印度發展半導體產業的機會。但是目前美國對大陸的管制目標聚焦在先進半導體及其應用方面，和印度根本扯不上邊。反倒是當前全球經濟不景氣，在大多數領域半導體的需求滑落，對印度半導體產業發展帶來較不利的影響。

印度政府在推動半導體產業發展有幾個特點：（1）著重倚賴國內潛在廣大市場和數理人才優勢，（2）政策以補貼獎勵和市場保護為主，（3）倚賴自國外引進技術和資金，（4）相關產業生態體系貧乏。因此，印度的半導體產業可說是在一個封閉體系，從低端領域緩步出發，雖然吸引了幾個重大投資計畫，短期內尚看不出對全球半導體產業會產生重大影響。

Albright Stonebridge Group 在 2023 年 1 月發表的《2023 a Key Year for India's Semiconductor Industry Strategy》指出，2005 年與 2017 年印度曾努力要吸引全球半導體業者前往投資，但都由於官僚體制的障礙、不確定的營商環境、高資金成本而失敗；現今這些挑戰仍在，還有水、電、基礎設施及空氣品質等重大憂慮，這些都是印度亟待改善的問題。

綜上分析，未來全球半導體產業的競爭會更為激烈，在不同市場區隔各有不同新的競爭對手，為全球半導產業掀開不同的面貌。

美國能遂行所願嗎？

當前美國在半導體產業的目標有二，一是重振本土半導體製造，另一是急凍中國大陸半導體產業的發展，表面上的理由是為了兼顧經濟與國家安全，但是往更深處去看，可以發現其實都是基於美國企圖要維持其在世界的霸權地位。

霸權是美國的價值核心

在全球半導體產業鏈，美國已經掌握了產業的關鍵環節，包括半導體設計工具、智財、無廠設計、設備等，以及其背後的技術、軟體等。美國口口聲聲說其半導體仰賴亞洲供應，特別是在先進半導體幾乎全部自台灣進口，而台灣處於地緣政治風險，美國可能隨時遭遇供應鏈中斷的危機，因此要重振本土半導體製造。但是這種立論經得起考驗嗎？

目前美國對大陸實施出口管制，甚至擴大採取外國直接產品規則（FDPR），讓相關國家敢怒不敢言，主要是美國掌握了眾多鎖喉的致命點，隨時可以中斷供應鏈的運行，例如艾司摩爾的 EUV 設備就使用了美國的光源等關鍵技術。**半導體供應鏈相關國家所應擔心的不是台灣的地緣政治風險，而是來自美國胡作非為的風險。**

美國之所以要重振半導體產業，觀其政策作為，僅是聚焦在推動少數國際大企業先進半導體的重大投資計畫，無心培育新創企業與健全整體產業發展環境的長期措施，只是為了要擁有半導體的最先進製造，補足其在半導體供應鏈缺角的一塊，完成其為半導體霸權的拼圖。但是美國的美夢能實現嗎？

美國在半導體製造的缺角

美國在半導體製造的後段，也就是封裝測試部分，很早就外移到東亞。至於製造前段部分，一些 IDM 業者基於競爭力的考量陸續放棄製造，專注於無廠設計，另一些則放棄跟進最先進製造領域。即使是藍色巨人 IBM 早就將其製造部門脫手給格羅方德，足見美國之所以欠缺先進半導體製造完全是產業環境讓美國失去競爭力。

美國要想恢復先進製造，就應先檢討問題所在，評估其可行性，而非一味歸咎於亞洲國家的獎勵措施，因此抄襲亞洲國家的老路子，提供優厚補助獎勵投資；意猶未足，就施壓外國企業前往設廠。在胡蘿蔔與棍子雙管齊下之下，三星、台積電、英特爾、美光、IBM 等龍頭企業都承諾在美進行大規模投資設廠計畫；但投資下去了、廠設了，才是挑戰的開始，長期能有幾家存活呢？

美國智庫蘭德公司執行長 Jason Mathen 就於 2022 年 10 月指出，美國可能要花上數十年，額外再投下相當於《晶片法案》同樣規模的投資，才能在本土製造出所需要的晶片；

此外，台積電的營運在任何地方都無法複製。要解決美國晶片問題，答案是防衛台灣^(註4)。

創新與競爭力欠缺的環節

美國《晶片法案》實施後不久，半導體產業協會（SIA）就發表《美國的半導體研究：經由創新創造領導地位》^(註5)的報告，針對《晶片法案》中將設立國家半導體技術中心（NSTC）與國家先進封裝製造計畫（NAPMP）兩研究機構，強化美國研發生態體系以維持美國半導體領導地位提出建議。該報告指出，研發是創新良性循環關鍵的部分，支撐了美國技術的領導地位。創新產出技術與產品，當被用於商業生產，提供了未來研發龐大投資所需的資金。美國半導體產業 2021 年在研發支出就花了 500 億美元。

但美國在創新雖擁有世界一流的國家實驗室、大學與企業，其研發生態體系仍面臨了引導投資、匯集資源、便捷協同合作，以及將創新帶到市場（實驗室到工廠的落差）等挑戰。

該報告以 EUV 微影設備為例，提出「為何研發從美國開始，商業化卻在海外」的問題。EUV 的潛力早期就被認知，但產業界大多認為其可行性低。即使是如此，國防先進研究計畫署（DARPA）仍舊支持先進微影計畫，從事 EUV 反射法的初期研究。而後 SEMATECH 與產業界、學術界合作，花了 15 年以上的時間打造基礎設施與專業知識，包括艾司摩爾、英特爾、三星、台積電等投資了 100-170 億美

元，促成 EUV 商業化。但最後只有艾司摩爾將 EUV 技術落實到商業成果。

因此報告中將創新至量產分為基礎研究、應用研究、雛型產品化、示範生產、放大至量產等五個階段，建議 NSTC 與 NAPMP 著重在將應用研究成果轉化為雛型產品、示範生產與放大至量產等三部分。事實上這幾個階段是台灣半導體製造在推進新一代製程所擁有的優勢，是長期實戰累積的核心能力，結合了台灣的產業環境，才能創造出在市場上的競爭力，而這些都是依循比較利益、產業分工的原則下，美國所較欠缺的，想要補上這一環節，美國還有一大段路要走。

防堵大陸相對要付出代價

對大陸擴大科技領先差距、抑制大陸軍事力量成長是美國當前最新的政策。觀看迄今美國對大陸的出口管制措施及相關外資投資審查等政策措施，應已對大陸產生鎖喉效應。但是，任何政策都會產生相對應的成本。美國對大陸的出口管制直接影響到美國企業，包括：晶片、設備、材料、智財等業者的損失，在市場不景氣時對相關業者的負擔更是沉重，此種壓力反彈到行政部門，往往會迫使行政當局採取緩衝措施或例外規定，因此降低對大陸的管制效果。

另外，為了防堵管制漏洞，美國擴大使用外國直接產品規則，行使其治外法權，造成外國企業損失、外國政府不滿。如第五章所述，2018 年美國與墨西哥、加拿大重新簽署《美墨加協定》，就在其中放了一條「毒丸條款」，干涉

墨西哥和加拿大與中國大陸簽訂自由貿易協定。而後在《晶片法案》中也藏了「毒丸條款」，要接受美國政府補貼的外國投資者 10 年內不可在大陸新設或擴充先進半導體製程。

2022 年 10 月，美國商務部公布的新出口管制規定又擴大使用 FDPR，相當於另類的「毒丸條款」。一再使用毒丸規定，處處干涉外國國家主權和企業的商業自由，影響他國企業的利益，外國盟友長期累積不滿，對美國防堵大陸，勢將產生不良影響。

在美國相關智庫的研究報告以及白宮《百日供應鏈評估報告》中都提到維持供應鏈的韌性需要與盟國共同合作，對中國大陸的防堵也需供應鏈盟友的配合，因此美國積極推動類似「晶片四方聯盟」的機制。但是這種組織都是以配合美國的管制行動為主，缺乏供應鏈在研發創新或者市場商機的合作，未能創造聯盟的大利共享，加上對美國毒丸手段蓄積的不滿，美國對大陸的防堵政策能維持多久、效能能有多高，均是值得商榷。

而時至今日，都只見到美國對大陸出手採取各種防堵措施，尚未見到中國大陸出手反擊。其實大陸並非半點反擊的力量或空間都沒有，大陸也並非沒有可以鎖喉的工具，例如一般經常提到的稀土物質，美國可能低估了大陸的反擊能力，一旦大陸出手，美國可能要付出另一種代價。

大陸未來的發展掌握在自己手上

　　從美國國內的政治氛圍、民粹走向，以及行政部門陸續採行的政策措施，美中對抗將是一場持久的趨勢。由美中貿易戰發展到科技脫鉤，然後聚焦到半導體，美國特別為半導體訂定《晶片法案》，並且對大陸採行半導體管制出口，顯示半導體已是當前美中科技戰的重中之重，一方面是因為大陸的半導體產業已經快速在縮短與發達國家的差距，另方面先進半導體的運算存儲能力提升，擴大尖端應用領域，滲透到國防軍事範疇，涉及國安議題。

　　依據 2022 年 10 月南韓媒體報導，南韓全國經濟人聯合會（FKI）所公布的全球半導體企業市值前百強分析，大陸有 42 家企業上榜，數量居冠；美國則有 28 家、台灣 10 家、日本 7 家、南韓 3 家。排名上居第一位的是台積電，輝達第二、三星第三；大陸中芯國際排名第 28，居陸企之首，TCL 中環新能源第 31、紫光國芯微電子第 32、韋爾電子第 38。由數量和排名可知，藉著大陸龐大的市場機會，以及政府政策措施的支持，雖然在個別企業的規模與世界領導企業仍有大段距離，但以顯示出大陸半導體的發展在快速的增長。

健全產業發展環境是硬道理

　　面對美國全面的防堵，恰好給了大陸盤整重新出發的機會，此機會就看大陸如何掌握。

　　自 2014 年以來大陸在半導體產業的發展所採取的路徑

類似早年「大躍進」的做法，而隨著產業的成長，發展環境會暴露更多的問題點，產業會出現更多的弱點，包括整體產業生態體系的不完整、自主技術的能力不足等，未來會遲緩大陸先進半導體的發展。

當前美國對大陸鎖喉的重點在先進半導體及其應用領域，大陸就應該利用這緩衝的時間，好好盤點在產業及其發展環境的缺失，重新規劃未來產業發展的策略藍圖，強化產業發展的基礎。另方面針對未受美國管制的部分，充分利用當前產業的能量，協助企業提升產品層次、強化競爭力，並且提高國產化自給率。

其實，先進半導體製程之外，仍有廣大的發展空間，例如電動車將廣為使用的複合物半導體元件運用成熟製程就已足夠，這是一個新興成長中的領域。就市場結構言，愈尖端的半導體元件相對成熟製程市場規模較小，大陸可以在成熟製程晶片市場充分發揮，累積技術與企業的競爭能力，再往先進製程領域邁進。

短期替代解決方案

對於美國對先進晶片與其應用的管制，大陸短期內應會努力去尋找替代解決方案。國際貨幣基金會（IMF）在其世界經濟展望報告[註6]中提到，為了因應半導體短缺，特斯拉（Tesla）改寫軟體，讓其車子可以使用替代的半導體；另一家通用汽車（GM）則宣稱公司將與晶片製造商合作，對其生產使用的 95％半導體晶片減少獨特類型，減至只剩 3

種微控制器系列，以提升供應鏈的韌性。

另外，輝達公司受到美國政府管制出口的先進晶片「A100」和「H100」雖獲有一年的豁免期，該公司迅速於最短期間推出符合規定的「A800」新款先進晶片替代，雖然傳輸速率較低，但已可滿足客戶的需求。

由種種案例可以知道，對於美國的出口管制其實可以找出短期替代解決方案，雖然性能規格較低，未能完全滿足最高需求，但已能紓解大陸當前的迫切需要。

中低端產品競爭將更為激烈

由於先進製程受到鎖喉，預期大陸業者會將產能集中在現有中、低端產品領域，一方面擴展產品應用，促使產品多樣化，另方面由於產能增加，市場類似產品將形成激烈競爭局勢，特別是在全球需求下滑之時，容易形成惡性價格競爭。

例如日經中文網（註7）於 2022 年 11 月報導大陸最大代工企業中芯國際在設備投資結構的變化。於 2020 年該公司先進製程 14-16 奈米的設備投資約 35 億美元，2021 年因受美國制裁而減為 10 億美元；但在 28-39 奈米成熟製程的投資幾乎翻了一倍，從 33 億美元增至 55 億美元，預估 2022 年來到 62 億美元。投資的另一面是產品結構的改變，成熟製程的產量成長大增，先進製程產品的產量則僅能小幅增長。

長期尋求突破美國鎖喉

　　技術自主與自給自足是大陸既定目標，美國的出口管制雖會阻礙大陸發展於一時，同時會讓大陸更加強突破鎖喉的努力。大陸能夠採取的途徑主要有三，一是致力自身的研發創新，開發關鍵的技術、設備與材料，取代被出口管制的項目，此需要大陸有關方面重新建構產、學、研合作的創新生態體系。其二是推動與相關國家的技術合作聯盟，加速產品與技術的開發。第三是對被管制項目採用替代方案，例如在晶片設計架構目前以 x86、ARM 為主，但正逐漸興起的是 RSIC-V 開放源架構，隨著生態體系的形成，或將成為另一產業主流。

失焦的產業政策無法打造具競爭力的產業

　　基於供應鏈韌性與國安考量，愈來愈多國家積極要加入發展半導體製造行列，紛紛推出獎勵補貼優惠措施，卻都忽略了產業必須依附在發展環境的大架構之下，**產業的發展環境點點滴滴決定產業的成敗。**

產業環境四層次

　　產業環境是一個籠統的名詞，但若將其約略劃分，由外而內，可以分為幾個層次，**最外的一層是全球的經貿情勢**，例如全球經濟景氣上揚之時需求增加，市場成長，有利產業的發展；全球安定、經貿自由化時，有利發展中與低度發展

經濟體加入發展行列，帶動經濟與產業穩定成長。

第二層是本地對外的關係，或者說，本國與國際的聯結是自由化或是自我設限成為一封閉體系，這影響到技術、人員、資金、資訊、經貿的國際往來。

第三層是本國的總體經濟環境，包括金融、外匯、租稅政策等，例如 1985 年後新台幣在美國施壓之下連續升值，衝擊產業出口競爭力，造成傳統產業出走或關門。日本也由於《廣場協議》造成日圓大幅升值，產業出走，惡化半導體產業投資能力。

第四層是產業環境，例如水、電、土地、交通等基礎建設與人力條件，政府的產業政策、勞動政策、環保政策等。例如半導體製造耗水、耗電、耗人才，水、電、人才都是必要條件。

第五層是特定產業的發展環境，包括生態體系、技術創新體系、新創產業體系等，每種產業都有其不同產業特性，例如勞力密集、資本密集、技術密集、技術與資本密集等，所需要的發展環境都不同。

每個國家在前述各種環境之下，依據其相關產業發展的歷史與背景，以及要素稟賦，不同產業具有不同能量，各有其在特定產業發展的強、弱點，因此對半導體產業應有其最適的產業發展模式，要達到發展目標必須先評估、改善其產業環境，不可完全東施效顰，抄襲他國產業發展的政策與模式，甚且一味的以為憑著優厚的補貼就可輕易的創造出半導體王國。

過往台灣在 DRAM 產業重重摔了一跤，就是輕忽了技術自主的重要性，倚賴自外授權、引進技術，並替技術母廠代工。此種如吃速食麵的營運模式，遇到 DRAM 市場懸崖式下挫，立即一蹶不振，即為發展產業殷鑑。

沒有發展策略，只靠補助獎勵是種浪費

沒有完整的產業發展規劃，健全產業發展環境，研擬適當產業政策與推動計畫，僅靠獎勵、補助，對國家是一種資源浪費。

在奉行自由市場經濟的國家，產業發展主要靠市場的力量，政府盡量不干涉市場運行。但是對於發展中國家，為了加快自後趕上的腳步，通常借用產業政策的力量，早期最著名的是日本的通商產業省，主導產業政策的研擬與執行。

由於產業發展牽涉的層面相當廣，為了整合相關資源與行動，通常都會研擬發展策略，經由評估整體發展環境、盤點既有發展能量，然後勾勒產業發展目標、策略、路徑圖、政策與配套措施，作為長期推動的依據，循序促進產業成長，因此提升推動產業發展的效能。

但是現今我們看到的是，各致力推動半導體產業發展的國家大都未經過縝密的規劃程序，沒有奠定產業發展的基礎，就慌不迭的推出補助獎勵的政策，企圖吸引重大投資，其結果肯定是會事倍功半。

產業政策必須針對目標精準設計

產業政策有其設計的基本思維，必須必須針對目標來設計。當今日本經濟產業省就將日本的產業政策歷史分三階段（註8），1980 年代之前屬於傳統產業政策，目標是發展特定的產業，背後的理論是因市場失靈與新興產業保護，創新政策為應用與追趕，推動製造業發展。

1980 年代後日本的產業政策轉為結構改造，目標是市場基礎建設的改革，背後的理論為市場導向及政府失靈，其創新政策是獲得更多的基本科學知識，產業發展則自製造業轉移。

當前新的產業政策目標又轉為任務導向與問題解決，背後的理論是要因應環境的不確定性、創造市場、解決政府失靈，創新政策是推動射月型態的創新（Moonshot-type Innovation），推動產業數位轉型、供應鏈與價值鏈的創造與維護。

由日本產業政策的演變可知，產業政策有其目標、背景因素、創新政策與產業目的，而非盲目跟進、亂無章法。

產業政策下藥不對症

對處於不同產業發展階段，以及為不同產業發展目的進行規劃的國家，所應採取的產業政策是不同的。例如印度是在半導體產業發展的起步階段，運用獎勵補貼政策突破投資障礙是可理解的。大陸半導體產業已經具有相當基礎與規模，產業政策應該脫離單純補貼獎勵的範疇，除了推進產業

升級，大陸要急切面對的是美國的鎖喉管制措施，產業政策應該轉移到打造研發創新生態體系，聚焦在設備、材料、智財等關鍵項目的掌握。

台灣和南韓在代工和半導體記憶體已經達到龍頭地位，未來要努力的是如何在次世代的技術仍舊維持領先，同時面對美國和日本等先進國家的加入競爭，因此產業政策要聚焦在更大力度厚實技術創新的能量。

至於美國和日本則是曾經為半導體產業的霸主，而今在製造環節因為競爭力流失而外移，需要重振先進製造，產業政策應該著重改善產業環境尋回失去的競爭力，另方面加速創新先進技術。

換言之，當前印度、中國大陸、台灣、南韓、日本和美國在半導體產業發展的目的和目標不同，所採用的產業政策應該隨之不同，結果看到的是大家的政策幾乎如出一轍，爭先恐後推出補貼獎勵，豈不是下藥不對症，徒然浪費人民納稅錢。

全球經貿規則、經濟與管理理論面臨改寫

WTO 迄今是由全球 164 個成員組織而成的機構，貿易總量占全球總貿易的 98%。這些會員依循著 WTO 所訂定的貿易規則從事跨境貿易，共同促進經濟的發展。在 WTO 規則中，最主要的規定包括公平競爭、國民待遇和透明化等。

全球經貿規則改寫

　　過去數十年當中，美國基於其自身利益是最支持自由貿易和最擁護 WTO 及其前身關稅暨貿易總協定（GATT）的。自從中國大陸加入 WTO 之後，每年其談判代表署（USTR）都須向國會提出報告，檢討大陸履行入會承諾的情形。歷年來 USTR 對大陸的批評一向是不假辭色，鉅細靡遺的陳述大陸違反 WTO 規定、違背其入會承諾的事件，而今為了防堵大陸科技尤其是半導體製造與尖端應用的發展，竟然仿效大陸明目張膽地採取各種違反 WTO 規則的措施，甚至有過之無不及。

　　如果大略區分，美國所採取的措施與 WTO 規定有所扞格者計有三大類，一是獎勵補貼，如《晶片法案》；其次是出口管制，例如外國直接產品規則（FDPR）等；三是國內法規，如自行定義開發中國家名單、購買美國貨等。於是在美國的帶頭下，在本土化、地緣政治的大纛下，一些國家陸續採取各種獎勵、補貼、保護產業的政策，視 WTO 規範如無物。

　　為了維持國際貿易的正常運作，WTO 身為全球貿易規則的制定與執行者，如今時空背景已然歷經重大變化，必須在組織、規則與執行等方面進行變革，才能落實其成立時所立下的宗旨。

經濟理論與政策改寫

　　經濟是一個國家實力最重要的基石，而今此種基本假設

卻面臨了挑戰，在美國的引領下國家安全反而取代了經濟的地位，經濟理論和經濟政策似乎來到了必須修正的時候。

現代的經濟，從國家經濟、國際經濟而全球經濟，主要環繞在技術創新和提高生產力。一個國家的經濟政策是要把人力、資金等資源投入最具生產力的地方，提高資源的效能，將資源導向成長的機會。尤其是在新科技、新產業以新的動能快速變遷的時期，政府的政策更必須讓生產資源自由的流動，移往更高生產力、更高附加價值的生產活動而形成資源的最佳配置，因此讓國家能夠生生不息地維持更高生活水準。

但是揆諸現今以美國為首的國家，高舉國安與本土化的旗號，競相以高額補貼獎勵引導資源投入生產力較低或不對稱的產業環節，甚至以人員、出口管制等行政手段限制資源的自由移動，傷害技術創新的良性循環。在此種以國安為主導的國家政策之下，經濟政策和經濟發展理論的基本假設都受到了衝擊，政策理論思考的範疇包括了地緣政治、本土化等課題，經濟理論和經濟政策似乎也到了需要修正的時刻。

國際企業理論改寫

跨國企業是現今全球經貿的主體，全球佈局則是跨國企業的重點思維，依據聯合國貿易暨發展會議（UNCTAD）《World Investment Report 2022》的統計，全球非金融跨國企業前百大的資產、營收、人員等均約有三分之一分布於海外，對帶動全球經貿成長居功厥偉

這些跨國企業在全球通行無阻的時代，能在全球各地經營，以全球的觀點思考競爭和全球布局策略，主要依據靠近市場和生產體系最有效率的兩個基本原則，進行生產和行銷活動，因此引領各項資源自由移動，讓資源得到更有效率的運用，讓開發中國家和貧窮社會人民加入生產力體系，共同促進經濟成長。

　　然而，當前在美國一意孤行帶動地緣政治風險的意識與防堵大陸科技產業的浪潮，甚至不惜拖其盟友一起下海，形成對大陸圍堵、關鍵產業本土化之勢，跨國企業無法充分利用全球最大市場、未能在最適生產地點布局，資金、人員、技術移動受阻，不僅全球供應鏈受到扭曲，甚至必須面對相關政府政策措施隨時改變所帶來的不確定風險。面對此種情勢的改變，國際企業理論的部分基本假設受到了動搖，遭遇需要做某種程度改寫的挑戰。

台灣觀點 ────

　　半導體產業是乘著全球化的浪潮而成為全球性的產業，雖然目前遭遇美國發動美中對抗、對中國大陸防堵的措施，但在歷史的長河，這些險阻仍將在全球化沛然莫之能禦的力量之下歸於平靜。

　　全球化的力量來自人類追求經濟福祉、企業追求

利益最大化的慾望，即使遭遇戰爭、疫情、天災、人謀不贓的各種因素，全球化的腳步或許會一時被拖延放慢，但是在數位化、區域經濟整合的驅動力量之下，全球化的腳步依仍會持續的往前邁進。

數位科技具有無遠弗屆、無所不在、無可抵擋的威力，目前已經成為帶動全球化的主要動力。依據國際電信聯盟（ITU）的資料，2015 年全球數據流（data flow）為 153 Tbps（terabits per second），2019 年達到 486 Tbps，增長了 2.2 倍，其中開發中國家複合年成長率高達 39％，已開發國家亦達 27.5％，顯示全球都在快速邁向數位化的整合。至於區域經濟整合，依據日本貿易振興機構的統計，迄 2021 年 6 月底，全球生效的自由貿易協定達 366 項；最大的兩項，跨太平洋夥伴全面進步協定（CPTPP）已於 2018 年 12 月 30 日生效，另區域全面經濟夥伴關係協定（RCEP）則於 2022 年 1 月 1 日施行，進一步帶動貨品、人員、服務、技術等的自由移動。

依據彼得森國際經濟研究院的報告[註9]，開發中國家加權平均關稅於 1983-2003 年從 29.9％降至 11.3％，降低的幅度當中，2/3 屬於自願降低，1/4 來自參加多邊協定，另 1/10 則來自加入區域協定，顯示開發中國家為了致力追求經濟成長，自願降低關

稅參與全球化經濟活動。另外一篇報告^{（註10）}指出，1980 年全球化開始起步，1990 年貿易投資規則自由化與市場導向經濟政策蓬勃發展，促使幾乎所有國家更富有，各國家、地區的貧富差距縮小。依據世界銀行的統計，生活在極度貧窮的人口占世界人口比率從 1981 年的 42％降至 2018 年的 8.6％。換言之，全球化為世界帶來了更好的經濟生活。

當然全球化會存在風險，就如全球化之前也存在不同的風險。全球化的主要風險來自於各經濟體的相互依存度，當任一個經濟體發生事故時，會迅速外溢至其他國家，因此減低外溢效應本就是要靠各國平常時期的努力，不應將責任怪罪到全球化。

同樣的，半導體產業的發展也是循著全球化的腳步進行全球分工合作，帶動技術的進步、市場的擴張和研發創新的良性循環，讓更多國家參與半導體的生產活動，促進各參與國家的經濟成長。其中美國是最大的受益者之一，擁有最強大的技術創新能力，在設計、設備、軟體、智慧財產權等關鍵領域居於領先地位。但是**在享受全球化的好處之後，美國政府卻反過來破壞全球化的推進，以國安與供應鏈安全為由掀起半導體本土化和防堵大陸半導體發展的運動。**

當今沒有任何一個產業的供應鏈像半導體產業如

此的綿密複雜，供應鏈上的企業必須一方面做好供應鏈發生斷鏈的因應準備，另方面共同維護供應鏈的正常運作，而非一旦發生事故時怪罪供應鏈的脆弱而要建立自給自足的產業。例如汽車產業盛行的即時生產系統（JIT），平時各企業就應做好風險管理，而不是當供應鏈發生問題時歸咎於 JIT 本身，因此關鍵零組件都要自行生產。

其實從半導體供應鏈或產業鏈的分布，可知沒有一個國家可以達到產業自給自足，全面防堵大陸半導體產業發展也是一項不切實際的行動，盲目追求產業自主終究是在浪費資源。

此外，為了抑制中國大陸將先進晶片用於國防軍備而全面限制其在其他先進應用的發展；為了防堵大陸取得與發展先進晶片而將其他盟國一起拖下海，這些破壞全球化的作為，不僅傷害產業的創新進步及企業的成長，也完全違反經濟運行的道理與企業追求利益的法則。

現代的經濟讓我們體認到，追求生產力提升、讓更多窮人參與生產力活動，是經濟成長的主要來源。 1978 年中國大陸改革開放、1990 年柏林圍牆倒塌、1991 年蘇聯解體、1995 年世貿組織成立，全球化加速發展帶動世界經濟持續成長，見證了追求更好生活

是無法阻擋的人類的渴望。**半導體製造本土化與全面防堵中國大陸半導體產業發展，就如擋在全球化面前的兩座大牆，遲早會像歷史上的逆流消失在全球化的洪流。**

　　而對於挑起全球半導體產業陷於動盪不安的美國，本書只能以 50 多年前管理學大師彼得·杜拉克（Peter F. Drucker）在其《斷層時代》（*The Age of Discontinuity: Guidelines to Our Changing Society*）書中的兩段話作為結尾：「目前美國的政客和官僚都還活在一個美國獨大的封閉世界裡，他們認為國際規範只是用來約束別人，而不是規範美國政府。即使在二次大戰後，美國是唯一健全且擁有強勢經濟的國家，這種想法還是相當愚蠢的。況且，一九五〇年代發生蘇伊士運河危機時，美國獨大的時期就已結束。現在，美國需要外國，就如同外國需要美國一樣。」[註11]

註解 ———

註 1　William Alan Reinsch, "Export Control:Too Much or Too Little?" October 17, 2022, CSIS.

註 2　JETRO, "JETRO Global Trade and Investment Report 2022," July 26, 2022. https://www.jetro.go.jp/ext_images/en/reports/white_paper/trade_invest_2022_2.pdf.

註 3　Gary Clyde Hufbauer and Megan Hogan, "CHIPS Act will spur US production but not forecolse China," October 2022, PIIE.

註 4　Jason Mathen, "The U.S. Has a Microchip Problem. Safeguarding Taiwan Is the Solution." October 3, 2022, *The Atlantic*.

註 5　SIA, "American Semiconductor Research:Leadership Through Innovation," November, 2022.

註 6　IMF, "World Economic Outlook," April, 2022.

註 7　日經中文網,〈半導體奈米競爭的盲點,中國笑到最後?〉,2022 年 11 月 22 日。

註 8　Richard Baldwin, Makoto Yano, Tetsuya Watanabe, "Japan's New Capitalism and New Industrial Policy," RIETI Highlight, March14, 2022, RIETI.

註 9　Douglas A.Irwin, "Most developing economies reduced tariffs voluntarily, not because of trade agreement," December 2, 2022 PIIE.

註 10　Douglas A.Irwin, "Globalization enabled nearly all countries to grow richer in recent decades," June 16, 2022, PIIE.

註 11　Peter F. Drucker, "*The Age of Discontinuity: Guidlines to Our Changing Society*," New York: Harper & Row, 1969.

國家圖書館出版品預行編目（CIP）資料

晶片對決：台灣經濟與命運的生存戰／尹啟
銘著 . -- 第一版 . -- 臺北市：遠見天下文化
出版股份有限公司 , 2023.03
　面； 　公分 . --（財經企管；BCB793）
　ISBN 978-626-355-126-8（平裝）

　1. CST：半導體　2. CST：半導體工業
　3. CST：產業發展　4. CST：國際競爭

484.51　　　　　　　　　　　　112001932

財經企管 BCB793

晶片對決
台灣經濟與命運的生存戰

作者 —— 尹啟銘

總編輯 —— 吳佩穎
副總編輯 —— 黃安妮
責任編輯 —— 陳珮真
美術設計 —— 張議文
圖表繪製 —— 邱意惠、張靜怡
內文排版 —— 張靜怡、楊仕堯

出版者 —— 遠見天下文化出版股份有限公司
創辦人 —— 高希均、王力行
遠見‧天下文化 事業群董事長 —— 高希均
事業群發行人／CEO —— 王力行
天下文化社長 —— 林天來
天下文化總經理 —— 林芳燕
國際事務開發部兼版權中心總監 —— 潘欣
法律顧問 —— 理律法律事務所陳長文律師
著作權顧問 —— 魏啟翔律師
地址 —— 台北市 104 松江路 93 巷 1 號 2 樓
讀者服務專線 —— (02) 2662-0012 ｜ 傳真 —— (02) 2662-0007；(02) 2662-0009
電子郵件信箱 —— cwpc@cwgv.com.tw
直接郵撥帳號 —— 1326703-6 號　遠見天下文化出版股份有限公司

印刷廠 —— 中原造像股份有限公司
裝訂廠 —— 中原造像股份有限公司
登記證 —— 局版台業字第 2517 號
總經銷 —— 大和書報圖書股份有限公司 電話／ (02) 8990-2588
出版日期 —— 2023 年 3 月 8 日第一版第 1 次印行
　　　　　　2023 年 5 月 12 日第一版第 4 次印行

定價 —— NT 480 元
ISBN —— 978-626-355-126-8
EISBN —— 9786263551336 (EPUB)；9786263551343 (PDF)
書號 —— BCB793
天下文化官網 —— bookzone.cwgv.com.tw

天下·文化
BELIEVE IN READING